增强现实技术
与 HoloLens 应用开发

孙志丹　王海涛　主编

钱　坤　王　清　申金星　编著

北　京
冶 金 工 业 出 版 社
2021

内 容 简 介

本书基于微软推出的头戴式 HoloLens 智能显示设备介绍增强现实技术的应用开发。全书分为三篇共 9 章，内容从相关概念与理论基础入手，介绍增强现实（AR）的概念、起源、现状与发展、基本特点、原理和相关支撑性理论与技术和 AR 的应用领域；然后介绍 . Net 平台、C#语言、Unity 3D 仿真引擎等基础语言与仿真编程技术，建立增强现实技术开发的入门基础；最后，根据 HoloLens 智能设备特点与技术要求，介绍其软硬件配置与 AR 应用开发方法，再辅以具体应用开发过程案例，详细讲解增强现实软件结构、数据、交互等设计方法，并针对具体装备机械部件的形态认知、结构组成、工作原理、维护保养、故障判排等功能以及书中提供翔实的程序行，帮助读者进行直观的学习和具体操作。

本书可作大学教材，也可供增强现实开发领域的行业培训教学或该领域从业人员自学，以及供 HoloLens 业余爱好者阅读参考。

图书在版编目(CIP)数据

增强现实技术与 HoloLens 应用开发/孙志丹，王海涛主编 . —北京：冶金工业出版社，2021.1

ISBN 978-7-5024-8676-1

Ⅰ . ①增⋯ Ⅱ . ①孙⋯ ②王⋯ Ⅲ . ①虚拟现实—程序设计 Ⅳ . ①TP391.98

中国版本图书馆 CIP 数据核字(2020)第 264762 号

出 版 人 苏长永
地 址 北京市东城区嵩祝院北巷 39 号 邮编 100009 电话 (010)64027926
网 址 www.cnmip.com.cn 电子信箱 yjcbs@ cnmip.com.cn
责任编辑 程志宏 耿亦直 美术编辑 吕欣童 版式设计 禹 蕊
责任校对 王永欣 责任印制 李玉山
ISBN 978-7-5024-8676-1
冶金工业出版社出版发行；各地新华书店经销；三河市双峰印刷装订有限公司印刷
2021 年 1 月第 1 版，2021 年 1 月第 1 次印刷
787mm×1092mm 1/16；16 印张；388 千字；245 页
69.00 元

冶金工业出版社 投稿电话 (010)64027932 投稿信箱 tougao@cnmip.com.cn
冶金工业出版社营销中心 电话 (010)64044283 传真 (010)64027893
冶金工业出版社天猫旗舰店 yjgycbs.tmall.com
(本书如有印装质量问题，本社营销中心负责退换)

前　　言

增强现实（AR，Augmented Reality）是在虚拟现实（VR，Virtual Reality）基础上产生的一种新概念，它能将真实世界与虚拟世界有机结合，让用户在沉浸虚拟环境的同时，还能感受到物理场景。HoloLens 是微软公司开发的一种基于混合现实的智能设备，其本质上是增强现实的具体运用。随着 AR 和 HoloLens 的不断完善和发展，其在工程机械、冶金、矿业、消防、医疗等虚拟仿真中已有了广泛的应用和广阔前景，同时也强烈吸引着高科技爱好者。

本书以 HoloLens 应用开发为主线，讲解其相关理论以及开发过程、方法和技巧等。全书分为三篇共 9 章，第一篇为 AR 相关理论和应用，共 3 章。其中，第 1 章介绍增强现实的概念、起源与发展状况以及增强现实的基本特点、组成和原理；第 2 章介绍增强现实相关理论和支撑技术，包括坐标系及变换理论，数据采集、三维注册、传感器、人工智能、无线通信等技术；第 3 章介绍增强现实在教育、制造、军事、医疗、旅游业等方面的实际应用。第二篇为技术基础篇，共 3 章。其中，第 4 章介绍 .Net 平台和 C#开发技术，包括 C#程序设计基础、C#面向对象和 WebService 开发及应用；第 5 章介绍 Unity 3D 仿真引擎，包括 Unity 3D 简介，脚本及 UI 开发、物理引擎及常用插件；第 6 章介绍基于 HoloLens 的增强现实应用开发，包括 HoloLens 简介，HoloLens 开发环境搭建，HoloLens 凝视、手势、语音、实物识别方法和技巧，最后通过一个综合案例进一步归纳和整合本章知识点。第三篇为综合案例篇，共 3 章。其中，第 7 章为案例设计，从软件开发的角度逐步分析设计案例的硬件、软件、网络、技术等架构，为用户开发各类虚拟示教系统提供参考；第 8 章介绍案例的网络管理分系统，包括数据库设计和远程数据调用的方法与过程；第 9 章介绍案例的虚拟训练分系统，实现虚拟训练的具体功能，包括对某型变速器的形态认知、结构组成、工作原理、维护保养、故障分析判断等。

本书将网络开发融入到 Unity 3D 和 HoloLens 应用之中，涵盖 B/S 网络的开发过程、方法和技巧，包括 C#、Java、CSS、Javascript、HTML、WebService、

数据库等相关技术。本书可以为 C#、Java、网络等方面从事教学、开发、设计人员提供参考，本书的适用对象还包括：

1. 高等院校中工程机械、车辆维修、冶金工程、电子电路、山川地貌、海洋湖泊、医学医疗等多种专业开展虚拟仿真教学或毕业设计的老师和学生；

2. 开发机械、消防、医疗、污染等虚拟仿真行业软件的技术人员；

3. 机械、电子、车辆、医疗等厂商宣传产品的业务人员。

本书由孙志丹、王海涛同志主编，钱坤、王清、申金星、赵华琛、王硕等参与编写。在编写过程中，得到了同行专家的大力支持和帮助。此外，作者还参阅了大量文献资料，在此向同行专家和文献作者一并表示感谢。书中大部分代码均为作者手动录入并经过验证，有兴趣的读者通过 hololensbook@163.com 邮件进一步交流。

由于作者学识和水平所限，书中的缺点和错误恳请广大读者和专家批评指正。

编　者

2020 年 9 月

于南京

目　　录

第一篇　基础理论篇

第二篇　技术基础篇

第三篇　综合案例篇

第一篇　基础理论篇

本篇由 3 章组成，主要介绍增强现实的相关概念、基本组成、工作原理以及相关技术和应用。第 1 章介绍虚拟现实、混合现实、增强现实的基本概念和发展情况，并简要说明三者之间的关系。第 2 章介绍增强现实相关的理论和技术以及这些知识运用的基础 AR 技术。第 3 章简要介绍增强现实在教育、军事、旅游等行业的应用情况。

第 1 章　增强现实的起源与发展

扫一扫
看本章插图

虚拟现实、混合现实、增强现实，是基于计算机技术而兴起的概念，其核心是构建数字化环境，让体验者可以借助某些特殊设备与数字环境中的对象进行交互，使得体验者产生真实的感觉。随着计算机运算能力的不断提高、计算机图形学的不断发展、人机交互技术的不断迭代更新，加上人工智能、云计算、边缘计算、物联网、5G 等技术的辅助加持，将这些技术带入了一个高速发展的时期，其应用呈爆炸式发展。

1.1　相关概念

1.1.1　虚拟现实

虚拟现实（Virtual Reality，VR），又称灵境技术，是指以计算机技术为核心、结合人工智能、光学、运动学等相关技术和高科技手段，再借助一些特定的交互、运算和显示设备，生成逼真的视觉、听觉和触觉的虚拟环境，用户在虚拟环境里与虚拟物体进行交互和反馈，使用户沉浸其中，并产生身临其境的感官体验。虚拟环境是由计算机运算、模拟出来的色彩鲜明的立体视景，它可以是某个真实世界的再现，也可以是基于真实世界的一种改变，甚至可以是纯粹构想出来的虚拟世界。

虚拟现实具有沉浸性、交互性和想象性等 3 个方面特性。沉浸性是指用户借助显示、音效等设备将自己的视觉完全融入计算机营造的虚拟环境中，用户感觉自己已成为虚拟环境的一个组成部分，从而从被动的观察者变成了主动的参与者。交互性是指虚拟现实注重人与虚拟世界之间自然交互。用户通过数据手套、力反馈器等一些特殊的交互设备与虚拟世界进行交互，例如用手抓取虚拟世界的物体，就会感觉与真实世界抓取物体一样具有重量、外形等感知，体验者甚至会忽略计算机的存在。想象性是指虚拟环境是人利用计算机技术对现实世界的复制构建，也可以是由人凭空想象构建出来的环境，这些想象出来的虚拟环境体现设计者一定的实现目标及思想。

1.1.2　混合现实

混合现实（Mixed Reality，MR），是在虚拟现实基础上进一步的发展，该技术在虚拟现实的良好的沉浸感和人机交互等体验之上，将虚拟世界的信息融入到现实世界中，并将通过一系列的交互，使得现实世界、虚拟世界和用户之间产生一个交互反馈的信息回路，在现实环境的基础上形成一个新的、可交互的可视化环境。因此，混合现实具有实时交互、虚实融合的特点。混合现实最大的优点，是通过虚拟融合使用户产生强烈的带入感，使用者更强烈地感觉到自己是虚拟环境的一部分。例如典型的火箭发射混合现实演示结合投影设备，会让用户感觉火箭就在自己所在的房间里升空发射。目前市场上许多的小型动作游戏也通过混合现实技术实现虚拟游戏动作与日常生活场景的融合，提高游戏的体验感。

1.1.3　增强现实

增强现实（Augmented Reality，AR），又称扩增现实，是基于虚拟现实而衍生出来的另一种更加高级的虚拟仿真技术。该技术综合运用人机交互、三维注册与配准、跟踪定位等技术，将由计算机生成的虚拟信息"无缝"地叠加到现实的场景中去，来增强体验者的体验感受。由于混合现实技术并不强调三维注册与配准技术，因此，AR 是比 MR 有更加"增强"的概念，市场上 MR 产品实际上是 AR 应用的具体体现。

AR 虚拟信息是在现实世界中很难被人们察觉到实体信息的虚拟体现，并不会改变体验者对所处现实世界的客观感受，而是利用这些信息搭建一个具有逼真视听触等感觉的虚拟环境，让体验者可以更好沉浸到其中。简单来说，增强现实是一项新兴的人机交互技术，可以将虚拟世界和现实世界有机地结合到一起，二者是同时存在的，虚拟世界是对现实世界的补充、叠加和强化，让体验者对现实世界的感知得以增强。

增强现实相较于虚拟现实有巨大的不同，其具有实时交互、虚实结合、三维注册等特点。如上所说，虚拟现实是让计算机生成一个虚拟的世界，当体验者使用虚拟现实设备时，如 VR 头盔，用户会完全沉浸在虚拟世界里，虚拟世界和现实世界是完全剥离的，这是虚拟现实显著的特点。而增强现实则不然，它是将计算机生成的虚拟的东西，如动作、声音、信息标签等，无缝地融到现实世界中。一个非常经典的应用是位于战斗机飞行员增强现实头盔，其 HUD 显示设备能把关键的信息放进飞行员的视野，同时不妨碍他观察周围的情况，飞行员不必要频繁地查看仪表盘。用户通过增强现实设备既能看到现实世界，又能看到虚拟的事物，并能同时和虚拟的、现实的事物进行交互。由于这些虚拟事物的帮助，用户能更好地感知真实世界。

对比混合现实和增强现实，二者是同宗同源，有很多的相似之处。两个技术发展了几十年，但一直都没有明确的界限，非要说它们的区别那只能是混合现实只是把虚拟世界简单"叠加"或"融合"到现实世界中，而增强现实则更进一步，它不仅具备"叠加""融合"功能，更强调三维配准。所以，市面上的一些产品，如 HoloLens，虽然官方宣称为 MR 产品，实际上是 AR 的一个具体运用。

1.2 发展历程

1.2.1 虚拟现实发展史

虚拟现实的起源最早可以追溯到 20 世纪 60 年代，以 Sensorama 仿真模拟器的诞生为标志，如图 1-1 所示。

图 1-1 Sensorama 仿真模拟器

Sensorama 仿真模拟器是由被誉为虚拟现实之父的 Morton Heilig 发明的，此模拟器集成了 3D 显示器、风扇、气味发生器、振动椅等，可以刺激用户视觉、听觉等多个感官系统。Sensorama 是一个虚拟现实下的原型机，只能播放事先拍好的视频，用户只能被动接受，缺乏人机之间的互动。后来虚拟现实经历了几十年的蛰伏期，虽然陆续有些改进的产品诞生，但是人们对于这类产品并没有明确清晰的定义。

1989 年，美国的 Jaron Lanier 首次提出虚拟现实的概念，随后，他所在的 VPL 公司开发出传感手套"DataGloves"和头显设备"EyePhoncs"，让虚拟现实作为一个较为完整的体系被人们极大关注，虚拟现实开始步入高速发展时期。

进入 20 世纪 90 年代，虚拟现实开始逐步发展，在随后的十多年里，日本的任天堂公司推出名为"虚拟男孩"的虚拟现实游戏，其他公司也纷纷效仿开发关于虚拟现实的产品，但由于高昂的售价和简陋的性能，为之付钱的人少之又少，所以这些产品让虚拟现实一直游离在大众视野之外，未能掀起大的波澜。

2012 年，Oculus 公司推出了 Oculus Rift VR 原型机，它具有较广的视角、较低的延迟等优势，使得体验者的晕眩感降低。这一优势也使得 Oculus 公司在 Kickstarter 网站上成功筹得 250 万美元，并在随后的几年里不断推出虚拟现实设备，并将虚拟现实设备的价钱降低到了 300 美元以下，这让很多人有能力购买，从而使得虚拟现实设备逐渐进入大众视野。

2014 年，谷歌公司发布 Google CardBoard，三星发布了 Gear VR。台湾 HTC 手机公司和美国 Valve 游戏公司联合开发虚拟现实设备，并在世界移动通信大会（MWC2015）上发布了 HTC Vive VR 套装。和 Oculus Rift VR 相比，在硬件上，Vive VR 具有红外激光定位塔，通过定位塔发出的红外激光侦测手柄的位置，结合联合头盔，实现对在每个设定区域中的用户进行位置及姿态的捕捉。在软件上，由于和游戏公司的合作，与之相匹配的软件也更加丰富和适用。

总的来讲，Vive VR 基本上克服了晕动症（因图像滞后于交互动作而产生眩晕的症状），同时也加强了沉浸感，使得总体的体验感有较大的提升。

2016 年，日本索尼公司看到了虚拟现实设备的巨大前景，推出了重量级产品 PlayStation VR，虽然它并不是当时最好的虚拟现实设备，但是其低廉的价格和优质的游戏周边，使得虚拟现实设备的拥趸数量成几何倍数增加，也让虚拟现实设备真正的走进寻常百姓家。此外，在同一年，Oculus Rift VR 和 HTC Vive VR 也先后正式宣布发售消费者版。三大厂商的同时发力，让虚拟现实技术彻彻底底地走进大众视野中，同时在商业化的道路上也取得了巨大成功。

由于 2016 年出现了大量 VR 产品，随后国内外各类公司又爆发性地推出各式 VR 应用，涌现出大量软件、设备、解决方案和服务，故 2016 年也被称为虚拟现实元年或 VR 元年。目前市面上的一些应用有：

（1）硬件产品。包括：Teslasuit 特斯拉 VR 触觉动捕服、Varjo VR-1 专业级头戴显示器、Mansus VR Prime II Xsens 动捕手套、Manus VR Prime II Core 虚拟现实手套、Xsens DOT 穿戴式惯性传感器、STEP 便携式激光动作捕捉系统、Geomagic Touch 力反馈设备系列。

（2）仿真系统与应用。

1）虚拟旅游与数字城市：交通规划的可视化仿真、地产虚拟漫游系统解决方案、道路桥梁设计三维可视化系统解决方案、城市规划虚拟现实系统解决方案、三维数字城市建设及展示系统解决方案、互动式虚拟导游实训系统解决方案、城市规划虚拟现实辅助决策系统解决方案。

2）军事模拟与应急演练：坦克虚拟仿真系统解决方案、虚拟仿真军事模拟训练系统解决方案、军事仿真虚拟现实系统制作解决方案、应急预案三维仿真训练系统解决方案、军事仿真虚拟现实系统解决方案、应急演练仿真系统解决方案、军事模拟训练实时场景管理系统解决方案。

3）工业仿真与辅助设计：大型模拟仿真多通道虚拟现实系统、基于 Haption 力反馈系统的交互式装配仿真、数字工厂虚拟现实系统解决方案、核电三维仿真系统虚拟现实解决方案、物流仿真系统解决方案、Haption 虚拟装配解决方案、道路桥梁设计三维可视化系统解决方案。

4）航天航空与教学科研：虚拟现实教育解决方案、UNIGINE 航天航空虚拟仿真一站式解决方案、虚拟仿真船舶制造系统解决方案、虚拟现实互动教学系统解决方案、大型虚拟现实仿真系统解决方案、地理天象虚拟演示试验室解决方案、列车机车虚拟现实驾驶模拟教学系统解决方案。

5）模拟驾驶与展览展示：视景仿真系统搭建解决方案、幻影成像系统解决方案、半球面投影系统解决方案、地产虚拟漫游系统解决方案、采矿与钻井机训练模拟系统解决方案、长壁开采技能模拟训练系统解决方案、连续采掘机模拟训练系统解决方案。

6）技术方案与系统集成：虚拟仿真云总体方案、基于光学运动捕捉技术的多旋翼无人机定位与定向的解决方案、IFC Core-CATIA V5 的虚拟装配模块、IFC Human（CATIA V5 人机功效插件）、Tobii 眼动仪可用性研究、Tobii 眼动仪帮助优化原生广告设计、航天仿真虚拟现实系统解决方案。

1.2.2　增强现实发展史

增强现实 AR 概念和系统起源于 20 世纪 60 年代，经过几十年的发展，已经比较成熟，相关的理论、成品也越来越丰富，AR 的发展历程主要包括如下几件大事：

（1）AR 雏形出现。1966 年，图灵奖的获得者、被称为 AR 之父的 Ivan Sutherland 开发了第一套 AR 系统和 AR 设备，这是一种光学透视式头盔显示器，叫作"达摩克利斯之剑"，也是最早能在头盔上显示图像的设备，被普遍认为是增强现实的一个雏形。1968 年，Ivan 完成了整个系统。

（2）AR 术语正式诞生。1992 年，波音公司的研究人员 Tom Caudell 和同事 David Mizell 第一次提出增强现实 AR 的概念，并开发出头戴式显示系统，以使工程师能够使用叠加在电路板上的数字化增强现实图解来组装这个电路板上的复杂电线束。Tom 的 AR 辅助布线系统如图 1-2 所示。

图 1-2　辅助布线系统

（3）AR 技术的首次表演。1994 年，AR 技术首次在艺术上得到发挥。艺术家 Julie Martin 设计了一台名为 Dancing in Cyberspace（赛博空间之舞）的表演。

（4）AR 定义确定。1997 年，美国知名专家 Ronald Azuma 发布了第一个关于增强现实的报告。在其报告中，他提出了一个已被广泛接受的增强现实定义，这个定义包含三个特征：将虚拟和现实结合；实时互动；基于三维的配准（又称注册、匹配或对准）。20 多年过去了，AR 已经有了长足的发展，系统实现的重心和难点也随之发生改变，但是这三个特征依然是 AR 系统中的核心要素。

（5）AR 第一次用于直播。1998 年，当时体育转播图文包装和运动数据追踪领域的领先公司 Sportvision 开发了 1st & Ten 系统。在实况橄榄球直播中，其首次实现了"第一次进攻"黄色线在电视屏幕上的可视化。

（6）ARSDK 出现。1999 年，奈良先端科学技术学院（Nara Institute of Science and Technology）的加藤弘一（Hirokazu Kato）教授和 Mark Billinghurst 共同开发了第一个 AR 开源框架：ARToolKit。ARToolKit 基于 GPL 开原协议发布，是一个 6 度姿势追踪库，使用直角基准（square fiducials）和基于模板的方法来进行识别。ARToolKit 的出现使得 AR 技

术不仅局限在专业的研究机构之中，许多普通程序员也都可以利用 ARToolKit 开发自己的 AR 应用，也为 AR 应用铺平了道路，推动了 AR 的快速发展。

（7）第一款 AR 游戏。2000 年，Bruce Thomas 等人发布 AR-Quake，是流行电脑游戏 Quake（雷神之锤）的扩展。AR-Quake 是一个基于 6DOF 追踪系统的第一人称应用，这个追踪系统使用了 GPS，数字罗盘和基于标记（fiducial makers）的视觉追踪系统。

（8）可扫万物的 AR 浏览器。2001 年，Kooper 和 MacIntyre 开发出第一个 AR 浏览器 RWWW，一个作为互联网入口界面的移动 AR 程序。这套系统起初受制于当时笨重的 AR 硬件，需要一个头戴式显示器和一套复杂的追踪设备。到了 2008 年 Wikitude 在手机上实现了类似的设想。

（9）平面媒体杂志首次应用 AR 技术。2009 年，当把这一期的《Esquire》杂志的封面对准笔记本的摄像头时，封面上的罗伯特唐尼就跳出来，和你聊天，并开始推广自己即将上映的电影《大侦探福尔摩斯》。这是平面媒体第一次尝试 AR 技术，期望通过 AR 技术，能够让更多人重新开始购买纸质杂志。

（10）谷歌 AR 眼镜诞生。2012 年 4 月，谷歌宣布该公司开发 Project Glass 增强现实眼镜项目，这种 AR 头戴设备将智能手机的信息投射到用户眼前，通过该设备也可直接进行通信。当然，谷歌眼镜远没有成为增强现实技术的变革，但其重燃了公众对增强现实的兴趣。2014 年 4 月 15 日，Google Glass 正式开放网上订购。

（11）现象级 AR 手游《Pokémon GO》诞生。2015 年，由任天堂公司、Pokémon 公司授权，Niantic 负责开发和运营的一款 AR 手游《Pokémon GO》诞生，在这款 AR 类的宠物养成对战游戏中，玩家捕捉现实世界中出现的宠物小精灵，进行培养、交换以及战斗。

（12）AR 产品陆续发布。2015 年，科技巨头微软公司推出 HoloLens 头显，这是一款真实意义上的 AR 产品，4 年后其升级产品 HoloLens 2 发布。相较于前一代产品，HoloLens 2 采用了 MEMS（微机电系统）显示屏+衍射光波导的显示方案；单目显示像素分辨率升级至 2K，对角视场角提升至 52°；在空间感知、交互定位等领域的体验也有较大的提升。

2017 年，神秘 AR 公司 Magic Leap 获得巨额融资，并公布了旗下第一款增强现实 AR 眼镜产品 Magic Leap One，官方称之为"Creator Edition 版本"。

2020 年，苹果、爱普生、华为等公司陆续推出和升级 AR 产品，市场上的 AR 应用也越来越丰富，体验感越来越强。

1.3　增强现实的基本特性

经过几十年的发展，增强现实的内涵和应用越来越丰富，关注点也发生了变化，但是其最基本的特性一直没有变化，即虚实融合、三维配准和实时交互。

（1）虚实融合。虚实融合是 AR 的显著特征，它是指呈现给用户的场景既有虚拟世界，也有真实世界，通过二者的融合提升用户的体验与感知。为了显示虚实场景，需要用到光学显示技术、视频显示技术、空间显示技术。此外，虚实融合还需要考虑几何与光照问题。几何问题是指虚拟物体的模型精度应该比较高，显示出的模型效果应该与真实物体接近，包括颜色、形状等。同时，虚拟物体与真实物体应该具备一定的遮挡关系，进而产生更加逼真的效果。光照问题是指真实世界中具有眩光、透明、反射、阴影等效果，以产生虚拟光影效果。

（2）三维配准。三维配准的目的是保持虚拟物体在真实世界中的存在性和连续性，为了实现虚拟物体和真实世界的融合，首先要将虚拟物体正确地定位在真实世界中并实时显示出来，这个定位过程被称为三维注册。AR 的三维注册方式是基于物理硬件和计算机视觉的方式进行配准和注册的，后续章节将做进一步介绍。

（3）实时交互。AR 的目的就是使虚拟世界与现实世界实时同步，它提供给用户一个虚拟融合的增强世界，让用户能在现实世界中感受到来自虚拟世界的物体和场景，进而提升用户的体验与感知。用户与 AR 系统的交互可以采用硬件方式，如键盘、鼠标、触摸屏、麦克风；也可以采用更为智能的方式，如手势、运动、大脑思维等。

1.4　增强现实的基本组成与原理

增强现实系统是由一组紧密联结、实时工作的硬件部件与相关的软件系统协同实现的，其基本组成如图 1-3 所示。

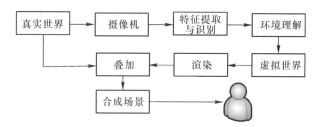

图 1-3　AR 系统的基本组成与工作原理

AR 不同于 VR 的显著区别在于系统中包括真实世界，图 1-3 中，摄像机对真实世界进行拍照和录像，经过特征提取与识别后，由 AR 系统进行环境理解，而后根据实体模型产生对应的虚拟世界，通过渲染等后期处理后，同真实世界进行叠加形成合成场景，最后反馈给用户。从反馈方式看，AR 系统有 3 种形式。

（1）基于显示器的显示技术。在基于计算机显示器（monitor-based）的 AR 实现方案中，摄像机摄取的真实世界图像输入到计算机中，与计算机图形系统产生的虚拟景象合成，并输出到屏幕显示器。用户从屏幕上看到最终的增强场景图片。它虽然简单，但不能带给用户多少沉浸感。

（2）基于光学透视式显示技术。光学透视式（optical see-through）增强现实系统具有简单、分辨率高、没有视觉偏差等优点，但它同时也存在着定位精度要求高、延迟匹配难、视野相对较窄和价格高等不足。

（3）基于视频透视式显示技术。视频透视式（video see-through）增强现实系统将真实场景的图像经过一定的减光处理后，直接进入人眼，虚拟通道的信息经投影反射后再进入人眼，两者以光学的方法进行合成。

以上三种 AR 显示技术中，计算机处于不同的位置，决定了它们实现策略在性能上各有利弊，如图 1-4 所示。

在基于计算机显示器和光学透视式显示技术的 AR 实现中，均通过摄像机来获取真实场景的图像，在计算机中完成虚实图像的结合并输出。整个过程不可避免的存在一定的系统延迟，这是动态 AR 应用中产生虚实注册错误的一个重要原因。但这时由于用户的视觉

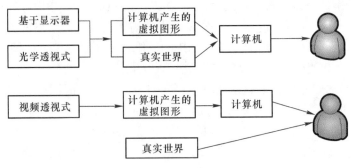

图 1-4 三种 AR 显示技术

完全在计算机的控制之下，这种系统延迟可以通过计算机内部虚实两个通道的协调配合来进行补偿。而基于视频透视式显示技术的 AR 实现中，真实场景的视频图像传送是实时的，不受计算机控制，因此不可能用控制视频显示速率的办法来补偿系统延迟。

第 2 章　增强现实相关理论与技术

扫一扫
看本章插图

2.1　数据采集技术

2.1.1　数据采集的原理与过程

　　数据采集是指将温度、压力、位移、速度、图像、视频等模拟量采集转换成数字量后，再由计算机进行处理、存储、分析、显示的过程，相对应的系统称为数据采集系统。数据采集有两个关键指标，分别为采样精度和速度，因此，在选择采集系统之前，要充分考虑这两个因素，但是精度和速度往往是一对矛盾体，实际应用时，采取保证采集精度的前提下，尽可能提高采样速度，以满足实时采集、处理和控制的要求。

　　图像或视频数据采集是特殊的数据采集方式，主要是将各类图像传感器、摄像机、录像机、电视机等视频设备输出的视频信号进行采样、量化等操作，从而转化成数字数据。其工作过程与原理如图 2-1 所示。

　　图像或视频采集的本质及原理就是将光信号转换为电信号的过程，它首先利用传感器、摄像头等设备将目标图像或视频进行收集，然后由专业芯片或软件进行预处理、分析和过滤，最后进行存储和显示。因此，它包含两个重要阶段，分别为数据采集阶段和收集整理阶段。

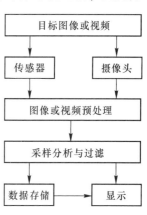

图 2-1　数据采集过程与原理

2.1.1.1　数据采集阶段

　　本阶段是通过数据采集设备（如光源、镜头、摄像、电视设备、云台等）收集视频数据。在采集过程中，一方面摄像设施将需要采集的数据通过光信号的形式进行收集，接下来通过光电传感的方式，对收集来的光信号转换为电信号，完成视频数据采集的转换。

　　在数据采集阶段，一件重要的器材是图像传感器。视频数据采集系统通过收集设备将视频信号进行收集，同时通过传感系统的图像传感器将光源信号转化为电信号。当前经常采用的图像传感技术主要是 CCD 和 CMOS 两种技术系统。这种将光源信号转化为电子信号的过程是该阶段的主要工作。

　　在摄像技术中的另一个重要器材是摄像镜头。摄像镜头是由透镜和光组成的光学设备。它是摄像设备光信号的采集来源，所以在数据收集阶段的初步采集工作中，镜头的好坏直接影响到采集到的视频数据是否清晰、完整。

2.1.1.2　数据收集整理阶段

　　本阶段包括数据的预处理、分析、传输、保存、显示等过程。预处理就是将采集的信号进行必要的处理，包括去除无用帧、噪声等。分析就是针对数据采集需求进一步归纳、分析和提取有用信息，去除不相关内容。传输依赖于网络，一般在传输前，需要对信号进行编码和压缩，待需要显示时，再进行解压和解码。

2.1.2　图像匹配方法

对于增强现实而言，图像采集的一个重要目的在于图像特征点提取、匹配与识别，它是通过对影像内容、特征、结构、关系、纹理及灰度等的对应关系，进行相似性和一致性分析，寻求相似影像目标的方法。它可以分为以灰度为基础的匹配方法和以特征为基础的匹配方法。

2.1.2.1　灰度匹配

灰度匹配的基本思想是以统计的观点将图像看成是二维信号，采用统计相关的方法寻找信号间的相关匹配。利用两个信号的相关函数，评价它们的相似性以确定同名点。灰度匹配通过利用某种相似性度量，如相关函数、协方差函数、差平方和、差绝对值和等测度极值，判定两幅图像中的对应关系。

经典的灰度匹配法是归一化的灰度匹配法，其基本原理是逐像素的把一个以一定大小的实时图像窗口的灰度矩阵，与参考图像的所有可能的窗口灰度阵列，按某种相似性度量方法进行搜索比较的匹配方法，从理论上说就是采用图像相关技术。

利用灰度信息匹配方法的主要缺陷是计算量太大，因为使用场合一般都有一定的速度要求，所以这些方法很少被使用。现在已经提出了一些较快速的算法，如幅度排序相关算法、FFT 相关算法以及分层搜索的序列判断算法等。

2.1.2.2　特征匹配

特征匹配是指通过分别提取两个或多个图像的特征（点、线、面等特征），对特征进行参数描述，然后运用所描述的参数来进行匹配的一种算法。基于特征的匹配所处理的图像一般包含的特征有颜色特征、纹理特征、形状特征、空间位置特征等。

特征匹配首先对图像进行预处理来提取其高层次的特征，然后建立两幅图像之间特征的匹配对应关系，通常使用的特征基元有点特征、边缘特征和区域特征。特征匹配需要用到许多诸如矩阵的运算、梯度的求解、还有傅里叶变换和泰勒展开等数学运算。常用的特征提取与匹配方法有：统计方法、几何法、模型法、信号处理法、边界特征法、傅氏形状描述法、几何参数法、形状不变矩法等。

基于图像特征的匹配方法可以克服利用图像灰度信息进行匹配的缺点，由于图像的特征点比像素点要少很多，大大减少了匹配过程的计算量。同时，特征点的匹配度量值对位置的变化比较敏感，可以大大提高匹配的精确程度。而且，特征点的提取过程可以减少噪声的影响，对灰度变化，图像形变以及遮挡等都有较好的适应能力。所以基于图像特征的匹配在实际中的应用越来越广泛。所使用的特征基元包括点特征（明显点，角点，边缘点等）、边缘线段等。

2.1.2.3　特征匹配与灰度匹配比较

特征匹配与灰度匹配的区别在于：灰度匹配是基于像素的，特征匹配则是基于区域的，特征匹配在考虑像素灰度的同时还应考虑诸如空间整体特征、空间关系等因素。

特征是图像内容抽象的描述，与基于灰度的匹配方法相比，其受几何图像和辐射度的影响更小，但特征提取方法的计算代价通常较大，并且需要一些自由参数和事先按照经验选取的阈值，因而不便于实时应用。同时，在纹理较少的图像区域提取的特征的密度通常比较稀少，使局部特征的提取比较困难。另外，基于特征的匹配方法的相似性度量也比较复杂，往往要以特征属性、启发式方法及阈方法的结合来确定度量方法。

2.1.2.4　匹配关键要素

同一场景在不同条件下投影所得到的二维图像会有很大的差异，这主要是由如下原因引起的：传感器噪声、成像过程中视角改变引起的图像变化、目标移动和变形、光照或者环境的改变带来的图像变化以及多种传感器的使用等。为解决上述图像畸变带来的匹配困难，人们提出了许多匹配算法，而它们都是由下述四个要素组合而成：

（1）特征空间。特征空间是由参与匹配的图像特征构成的，选择好的特征可以提高匹配性能、降低搜索空间、减小噪声等不确定性因素对匹配算法的影响。匹配过程可以使用全局特征或者局部特征以及两者的结合。

（2）相似性度量。相似性度量指用什么度量来确定待匹配特征之间的相似性，它通常定义为某种代价函数或者是距离函数的形式。经典的相似性度量包括相关函数和 Minkowski 距离，近年来人们提出了 Hausdorff 距离、互信息作为匹配度量。Hausdorff 距离对于噪声非常敏感，分数 Hausdorff 距离能处理当目标存在遮挡和出格点的情况，但计算较耗时。基于互信息的方法因其对于照明的改变不敏感，已在医学等图像的匹配中得到了广泛应用，它也存在计算量大的问题，而且要求图像之间有较大的重叠区域。

（3）图像匹配变换类型。图像几何变换用来解决两幅图像之间的几何位置差别，它包括刚体变换、仿射变换、投影变换、多项式变换等。

（4）变换参数的搜索。搜索策略是用合适的搜索方法在搜索空间中找出平移、旋转等变换参数的最优估计，使得图像之间经过变换后的相似性最大。搜索策略有穷尽搜索、分层搜索、模拟退火算法、Powell 方向加速法、动态规划法、遗传算法和神经网络等。遗传算法采用非遍历寻优搜索策略，可以保证寻优搜索的结果具有全局最优性，所需的计算量较之遍历式搜索小得多；神经网络具有分布式存储和并行处理方式、自组织和自学习的功能以及很强的容错性和健壮性，因此这两种方法在图像匹配中得到了更为广泛的使用。

在成像过程中，由于噪声及遮挡等原因，导致一幅图像中的特征基元在另一幅图像中有几个候选特征基元或者无对应基元，这些都是初级视觉中的"不适定问题"，通常在正则化框架下用各种约束条件来解决。常用的约束有唯一性约束、连续性约束、相容性约束和顺序一致性约束。首先提取左右图像对中的线段，用对应线段满足的全局约束、相容性约束、邻域约束等表示 Hopfield 神经网络的能量函数，通过最小化能量函数得到两幅图像中的对应线段，提高了匹配的可靠性。同时人们还采用最小平方中值法和投票算法等后处理来有效消除假配点和误配点。

2.2　坐标系及其变换

增强现实系统包括真实世界、虚拟世界、摄像机和相关的场景，相对应地，它也包括多个坐标系，通常情况下，AR 系统分为四个坐标系，分别为世界坐标系、虚拟世界坐标系、摄像机坐标系和成像坐标系。常用的坐标系包括笛卡尔坐标系、球坐标系、柱面坐标系，由于 AR 的真实和虚拟场景以三维空间为主，所以一般采用笛卡尔坐标系。

2.2.1 成像坐标系

成像坐标系（$O_iU_iV_i$）位于观察者的前方，它提供最终的二维数字图像，根据描述单位的不同，它又可以分为采用像素为单位的像素坐标系和使用长度为单位的图像坐标系。前者可以方便地表示二维空间，但是不能如实地反映物理位置，所以需要进行转换，假设前者的坐标系为 $O_pX_pY_p$，后者为 $O_mX_mY_m$，如图 2-2 所示。

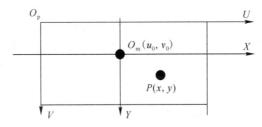

图 2-2　像素坐标系和图像坐标系

假设图像坐标系的原点 O_m 在像素坐标系的坐标为（u_0，v_0），每个像素在图像坐标系的物理长度为 dx，dy，则图像中任意一个像素在两个坐标系中的相互关系为：

$$u = \frac{x}{dx} + u_0$$
$$v = \frac{y}{dy} + v_0$$

（2-1）

将式（2-1）转换为齐次方程为：

$$\begin{bmatrix} u \\ v \\ 1 \end{bmatrix} = \begin{bmatrix} 1/dx & 0 & u_0 \\ 0 & 1/dy & v_0 \\ 0 & 0 & 1 \end{bmatrix} \begin{bmatrix} x \\ y \\ 1 \end{bmatrix}$$

（2-2）

2.2.2 摄像机坐标系

摄相机坐标系（$O_cX_cY_cZ_c$）是以摄相机的聚焦中心为原点，以光轴为 Z 轴建立的三维直角坐标系，它的 X_c、Y_c 分别与图像坐标系的 X_m、Y_m 平行，Z_c 与图像平面垂直，交点为原点 O_m，如图 2-3 所示。

$$x_c = f(x)\left(\frac{x}{z}\right) + c_x$$

（2-3）

$$y_c = f(y)\left(\frac{y}{z}\right) + c_y$$

（2-4）

式（2-3）和式（2-4）中，c_x 和 c_y 为修正参数，当图像坐标系原点 O_m 经过摄像机光轴时，值为 0，否则为 X 和 Y 轴的偏移量。$f(x)$ 和 $f(y)$ 为焦距参数，它是由摄像机标定中计算得到。

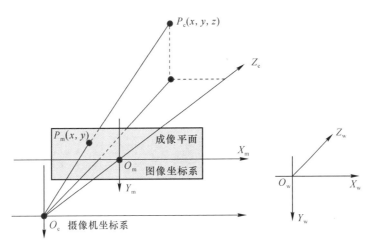

图 2-3　摄像机、图像和世界坐标系

2.2.3　世界坐标系

世界坐标系（$O_w X_w Y_w Z_w$）是真实世界的三维坐标系，反映物体的真实位置，它可以通过旋转和平移实现到摄像机坐标系的转换。设旋转矩阵和平移向量分别为 R、t，其值为：

$$R = \begin{bmatrix} r_{11} & r_{12} & r_{13} \\ r_{21} & r_{22} & r_{23} \\ r_{31} & r_{32} & r_{33} \end{bmatrix}; \quad t = \begin{bmatrix} t_1 \\ t_2 \\ t_3 \end{bmatrix} \tag{2-5}$$

设空间点 P 在世界坐标系和摄像机坐标系的齐次坐标分别为 $\begin{bmatrix} x_w & y_w & z_w & 1 \end{bmatrix}^T$ 和 $\begin{bmatrix} x_c & y_c & z_c & 1 \end{bmatrix}^T$，则

$$\begin{bmatrix} x_c \\ y_c \\ z_c \\ 1 \end{bmatrix} = \begin{bmatrix} r_{11} & r_{12} & r_{13} & t_1 \\ r_{21} & r_{22} & r_{23} & t_2 \\ r_{31} & r_{32} & r_{33} & t_3 \\ 0 & 0 & 0 & 1 \end{bmatrix} \begin{bmatrix} x_w \\ y_w \\ z_w \\ 1 \end{bmatrix} = \begin{bmatrix} R & t \\ 0^T & 1 \end{bmatrix} \begin{bmatrix} x_w \\ y_w \\ z_w \\ 1 \end{bmatrix} \tag{2-6}$$

2.2.4　虚拟世界坐标系

虚拟坐标系（$O_v X_v Y_v Z_v$）是指虚拟物体的坐标系，它的作用是确定虚拟物体在真实世界的位置和姿态，因此它与世界坐标系也存在转换关系，通常来说，这个关系为一个固定矩阵，表示摄像机识别到指定三维空间物体后，对应的虚拟物体显示在真实物体的具体位置和方向。设固定矩阵为 B，则

$$\begin{bmatrix} x_v & x_v & x_v & 1 \end{bmatrix}^T = B \begin{bmatrix} x_w & x_w & x_w & 1 \end{bmatrix}^T \tag{2-7}$$

有时候，需要将虚拟物体完全覆盖到真实物体上，此时矩阵 B 为单位矩阵。

2.3　摄像机标定

计算机视觉的基本任务之一就是从摄像机获取的图像信息出发，计算三维空间中物体

的集合信息，并由此重建和识别物体，而空间物体表面某点的三维空间位置和相互关系是由摄像机成像的几何模型决定的，这些几何模型参数就是摄像机参数。在大多数条件下，这些参数必须通过实验和计算才能得到，这个过程就是摄像机标定。

假设摄像机所拍摄到的图像与三维空间中的物体之间存在以下一种简单的线性关系：

$$[\text{像}] = M[\text{物}] \tag{2-8}$$

矩阵 M 可以看成是摄像机成像的几何模型。M 中的参数就是摄像机参数。待求解的摄像头参数分为两部分：

（1）内参数。内参数为镜头固有参数，由式（2-3）的 $f(x)$、c_x 和式（2-4）的 $f(y)$、c_y 来表达。

（2）外参数。外参数是摄像机位置参数，它的值不固定，与旋转和平移程度有关，使用式（2-5）的矩阵 $\begin{bmatrix} R & t \\ 0^T & 1 \end{bmatrix}$ 来表达。

从是否需要标定参照物来看，摄像机标定分为传统摄像机标定方法、主动视觉摄像机标定方法、摄像机自标定方法三种，各自特点及优缺点如表 2-1 所示。

表 2-1　摄像机标定的三种方法

标定方法	特点	优点	不足
传统摄像机标定方法	利用已知的景物结构信息	适用于任意的摄像机模型，标定精度高	标定过程复杂，需要高精度的已知结构信息
主动视觉摄像机标定方法	已知摄像机的某些运动信息	通常可以线性求解，健壮性比较好	不能使用于摄像机运动未知和无法控制的场合
摄像机自标定方法	仅依靠多幅图像之间的对应关系进行标定	仅需要建立图像之间的对应，灵活性强	非线性标定，健壮性不好

2.4　三维注册技术

三维注册的目的在于通过各种传感器准确地调整摄像机的姿态和位置，将虚拟物体精确定位在真实场景中，即使摄像机拍摄到的场景位置发生了很大的变化，虚拟物体也能跟随真实物体一起变动，保持相对位置的稳定，用户感觉不到虚拟物体与真实场景存在差别。三维注册技术可以基于物理硬件和计算机视觉的方式进行配准和注册。

2.4.1　基于物理硬件注册方式

基于物理硬件的注册方式是利用设备的各种传感器收集坐标信息，来测量摄像机的位置坐标和姿态，从而达到对摄像机进行标定的目的，以便完成虚实配准。基于物理硬件的注册方式根据物理传感器的不同可分为多种形式，主要包括基于电磁传感器、微机械传感器、全球定位系统、超声波传感器、惯性传感器等注册方式。这种基于硬件的注册方式有其致命的弱点，一般都需要依赖外界传感器的支持，成本比较高，体积比较笨重，移动性比较差，而且受制于传感器的精度影响，因此，此类方式发展较慢。

2.4.2　基于计算机视觉注册方式

基于计算机视觉的注册方式主要是用到计算机视觉和计算机图像学的相关算法来实

现，该方法的一般流程是先用摄像机拍摄真实场景，利用相关算法对实时场景中的特征点进行提取，然后根据坐标信息的转换来确定虚拟信息在真实场景中的位置，从而实现虚实注册的目的，与硬件注册方式相比，该方式适用性强、成本低、精度高和实时性强，因此，越来越受到研究者的关注和重视。根据特征点类型的不同，计算机视觉可以分为自然特征和人工特征。

2.4.2.1　基于自然特征的注册技术

由于真实场景的图像中存在着大量自然的特征，这些自然特征就能很好的完成三维注册问题。因此这种利用点、线和纹理等自然特征的注册方式又叫做无标志的注册技术。这种注册方式非常简单，不需要专业的硬件传感器的支持，也不需要人工提前设置特征点，具有更加广泛的应用场景。

基于自然特征点的注册一般是基于特征算子来进行特征点匹配。常用的特征算子有 SIFT、SURF、FAST、ORB、BRISK，这些算子在注册环境中的特点如表 2-2 所示。

表 2-2　常用特征算子在注册环境中的特点

序号	特征算子	提出者	算子特点
1	SIFT	David G. Lowe	对于图像旋转和缩放保持不变性，并且在大范围的仿射失真、噪声的增加和照明的变化中具备稳健性
2	SURF	Herbert Bay，等	具有尺度和旋转不变性，同时对光照变化和仿射也具有较强的健壮性，其主要特点是快速性
3	FAST	Herbert Bay，等	最显著的特点是比其他现有的角点检测算子快许多倍。对于大的方面变化以及不同类型的特征点具有相当高的可重复性
4	ORB	Ethan Rublee，等	该算子是基于 FAST 角点检测与 BRIEF 特征描述的结合及改进。计算速度快，同时还保持了旋转不变性，并且抗噪声
5	BRISK	Stefan Leutenegger，等	具有较好的旋转不变性、尺度不变性，计算成本低，自适应能力强

2.4.2.2　基于人工特征的注册技术

基于人工特征的注册方法需要首先对待测的图像做一个人工处理，处理方法是在图像上放置一些人为设计的并具有一定特殊意义的特征点，然后再将这样经过人工处理过的图像放到待注册的场景中。由于人工特征点的存在，该方法在提取图像特征点和识别特征点的位置信息都比较方便。识别出场景中的图像并提取到该特征点的坐标信息后，也就相当于获取了该特征点在真实空间中的位置，根据在真实空间的位置通过坐标变换很容易就能将虚拟信息叠加到真实场景中，从而达到虚实配准的目的，然后再经过虚实融合和计算机的图像渲染，最后将叠加了虚拟信息的实时图像通过显示器显示出来。

基于人工特征的注册技术其优点在于具有较高的实时性和精确性，这是因为通过设置人工特征点的方法大大简化了计算机计算的复杂程度，从而提高了算法的性能。但是该方法的缺点也非常明显，一是该方法需要事先在待识别的场景中放置人工特征点，这不仅影响了基于该方法的应用开发的速度，而且还容易受到应用环境的制约。二是该方法很容易受到外界环境的干扰，比如由于光照和遮挡的影响，都会对实时性和精确性造成一定程度的干扰。

2.4.2.3　基于模型的注册技术

基于模型的注册一般利用基于可区分特征的跟踪对象模型，例如 STL、FBX 等模型，通过对模型外部特征的检测来计算摄像机的姿态，之后将模型三维坐标转换为二维平面坐标，进而实现模型在现实中的增强。传统基于模型的注册通常是对模型本身的线、边或纹理进行检测。

2.5　人体感官机制

2.5.1　视觉

视觉是通过视觉系统（眼睛）接受外界环境中一定频率范围内的电磁波刺激，经中枢有关部分进行编码加工和分析后获得的主观感觉。

人的眼可分为感光细胞（视杆细胞和视锥细胞）的视网膜和折光（角膜，房水，晶状体和玻璃体）系统两部分。其适宜刺激是频率为 $300 \sim 750\text{THz}$ 的电磁波，即可见光部分，约 150 种颜色。该部分的光通过折光系统在视网膜上成像，经视神经传入到大脑视觉中枢，就可以分辨所看到的物体的色泽和分辨其亮度。因而可以看清视觉范围内的发光或反光物体的轮廓，形状，大小，颜色，远近和表面细节等情况。

2.5.2　听觉

听觉是听觉器官（耳朵）在声波的作用下产生的对声音特性的感觉，其适宜刺激物是声波，声波是由物体的振动所激起的空气的周期性压缩和稀疏。

在物理学上，声音被定义为压力的编号，物体振动就是在介质里对分子造成运动，最后产生声音。这里的介质虽然可能是液体，但通常为空气。振动有两个主要特性，分别为频率和振幅。频率是分子因物体振动产生运动时的移动速度，其测量单位是赫兹（Hz），频率越大，则穿过空间某个点的波纹周期数越多，声音越高。振幅表示在一个声波内空气分子的最大位移，声音的振幅越大，则在空气中产生的压力变化越大，从而声音的强度越高，其测量单位通常是分贝（dB）。

2.5.3　触觉

触觉是皮肤接触外部环境刺激时产生的感觉。皮肤表面散布着触点，触点的大小不尽相同，分布不规则，一般情况下指腹最多，其次是头部，背部和小腿最少，所以指腹的触觉最灵敏，而小腿和背部的触觉则比较迟钝。若用纤细的毛轻触皮肤表面时，只有当某些特殊的点被触及时，才能引起触觉。因此，AR 系统中，可以利用散布的这些触点，设计和制作相应的产品，提升用户的"增强"效果。

2.5.4　嗅觉

嗅觉是嗅觉感受器受到某些挥发性物质的刺激后产生神经冲动，然后传入大脑皮层而形成的感觉。嗅觉感受器位于鼻腔顶部，叫做嗅黏膜。对于同一种气味物质的嗅觉敏感度，不同人具有很大的区别，有的人甚至缺乏一般人所具有的嗅觉能力，因此，嗅觉机制在 AR 系统还没有得到广泛关注和应用。

2.6 传感器技术

传感器是一种能够感受规定的某种信号并可以按照一定规律进行转换和输出的器件或装置，通常由敏感元件、转换元件、变换电路和辅助电源四部分组成。其中敏感元件直接感受被测量，并输出与被测量有确定关系的物理量信号；转换元件将敏感元件输出的物理量信号转换为电信号；变换电路负责对转换元件输出的电信号进行放大调制；转换元件和变换电路一般还需要辅助电源供电。

传感器种类非常多，分类方法也很多，从被测量角度看，可以分为位移、速度、温度、压力传感器等；从工作原理角度看，可以分为物理、化学、生物传感器等；从输出信号角度看，可以分为模拟式、数字式传感器；从能量关系角度看，可分为压电、应变传感器等。

2.6.1 陀螺仪

陀螺是一个绕一个支点高速转动的刚体，通常特指对称陀螺，具有质量均匀、轴对称等特性。陀螺仪（gyroscope）是利用陀螺的力学性质所制成的各种功能的陀螺装置，在科学、技术、军事等各个领域有着广泛的应用。比如：回转罗盘、定向指示仪、炮弹的翻转、陀螺的章动等。陀螺仪传感器（gyroscope sensor）是一个简单易用、基于自由空间移动和手势的定位及控制系统，它原本是运用到直升机模型上的，现已被广泛运用于手机等移动便携设备。

陀螺仪传感器的基本部件包括陀螺转子（常采用同步电机、磁滞电机、三相交流电机等拖动方法来使陀螺转子绕自转轴高速旋转，且转速近似为常值）、内外框架（也称内、外环，它是使陀螺自转轴获得所需角转动自由度的结构）、附件（包括力矩马达、信号传感器等）。

根据框架的数目和支撑的形式以及附件的性质决定陀螺仪的类型是二自由度陀螺仪（只有一个框架，使转子自转轴具有一个转动自由度）和三自由度陀螺仪（具有内、外两个框架，使转子自转轴具有两个转动自由度，在没有任何力矩装置时，它就是一个自由陀螺仪）。

2.6.2 生物传感器

生物传感器（biosensor），是一种对生物物质敏感并将其浓度转换为电信号进行检测的仪器。是由固定化的生物敏感材料作识别元件（包括酶、抗体、抗原、微生物、细胞、组织、核酸等生物活性物质）、适当的理化换能器（如氧电极、光敏管、场效应管、压电晶体等）及信号放大装置构成的分析工具或系统，生物传感器具有接收器与转换器的功能，具体实现感受、观察、反应三个功能：

（1）感受：提取出动植物发挥感知作用的生物材料，包括：生物组织、微生物、细胞器、酶、抗体、抗原、核酸、DNA 等。实现生物材料或类生物材料的批量生产，反复利用，降低检测的难度和成本。

（2）观察：将生物材料感受到的持续、有规律的信息转换为人们可以理解的信息。

（3）反应：将信息通过光学、压电、电化学、温度、电磁等方式展示给人们，为人们的决策提供依据。

各种生物传感器有以下共同的结构：包括一种或数种相关生物活性材料（生物膜）及能把生物活性表达的信号转换为电信号的物理或化学换能器（传感器），二者组合在一起，用现代微电子和自动化仪表技术进行生物信号的再加工，构成各种可以使用的生物传感器分析装置、仪器和系统。

2.6.3　力反馈

力反馈用于再现人对环境力觉的感知，它的原理是通过感知人的行为模拟出相应的力、振动或被动的运动，反馈给使用者，这种机械上的刺激可以帮助人从力觉触觉上感受到虚拟环境中的物体，可以更加真实地体验到力反馈设备反馈给操作者的力及力矩的信息，使操作者能感受到作用力，从而产生更真实的沉浸感。

从结构上划分，力反馈系统主要由用户、力反馈装置、主计算机和前端机器人组成。其中，力反馈装置是连接用户和工作环境的桥梁，主要功能一方面是利用传感器测量用户在使用过程中的运动和位置信息，并将其实时传送给主计算机；另一方面，接收来自主计算机的力觉或运动信号，通过执行器件将产生的力感反馈给用户。主计算机主要用来生成环境中的三维视觉图像，同时完成力觉与触觉的计算，实现与用户操作的实时交互。

近年来，力反馈技术在 AR 系统中得到广泛关注和应用，如推土机驾驶虚拟仿真系统，就能够做到训练场景和铲土情况适时控制驾驶过程，准确改变行驶速度和手柄操作力矩，进而达到与实际作业相一致的逼真效果。

2.6.4　距离传感器

距离传感器泛指一切可以测量距离的传感器，包括利用飞行时间计算距离的传感器和以针对距离变化产生信号的传感器。它通过发射能量波束并被被测物体反射，计算波束发射到被物体反射回来的时间，来计算与物体之间的距离。常用的能量波束有：超声波、激光、红外光、雷达等。这种传感器的测量精度很高，可以精确测量距离。

当前，距离传感器已经广泛应用到手机、智能皮带、增强现实头盔等设备上，通过安装距离传感器，这些设备能适时感知目标物体的距离，进而作出准确判断，进行智能操作，如关闭屏幕、显示虚拟物体等。

2.6.5　速度传感器

速度传感器就是实时感知速度的传感器，包括线速度和角速度。传感器根据安装形式分为接触式和非接触式两类。接触式传感器就是直接与物体相接触，通过摩擦等手段获取脉冲信息，进而获得直线行驶和旋转方向上的速度。非接触式旋转式速度传感器与运动物体无直接接触，又包括光电流速传感器和光电风速传感器等。

AR 系统中，速度传感器可以用于感知用户的行驶方向、距离、速度等，以判断用户的目的，从而作出符合用户要求的动作和显示结果。

2.6.6　颜色传感器

颜色传感器又称色彩传感器或颜色识别传感器，它是将物体颜色事先定义的参考颜色进行比较来检测颜色的传感器，当两个颜色在一定的误差范围内相吻合时，输出检测结果。颜色传感器系统的复杂性在很大程度上取决于其用于确定色彩的波长谱带或信号通道的数量。

颜色模型包括 HSI、RGB、CMYK 等，HSI 色彩空间是从人的视觉系统出发，用色调（hue）、色饱和度（saturation 或 chroma）和亮度（intensity 或 brightness）来描述色彩。HSI 色彩空间可以用一个圆锥空间模型来描述，用这种描述 HSI 色彩空间的圆锥模型相当复杂，但确能把色调、亮度和饱和度的变化情形表现得很清楚。通常把色调和饱和度通称为色度，用来表示颜色的类别与深浅程度。RGB 颜色模型又称红绿蓝三基色模型，可以采用正方体表示，在正方体的主对角线上，各原色的强度相等，产生由暗到明的白色，也就是不同的灰度值。（0，0，0）为黑色，（1，1，1）为白色。正方体的其他六个角点分别为红、黄、绿、青、蓝和紫。CMYK（Cyan，Magenta，Yellow）颜色空间应用于印刷工业，印刷业通过青（C）、品（M）、黄（Y）三原色油墨的不同网点面积率的叠印来表现丰富多彩的颜色和阶调，这便是三原色的 CMY 颜色空间。

色彩传感器的结构主要包括光电二极管与彩色滤光器。其工作原理是，通过彩色滤光器将所测得的颜色分解成 RGB 值，然后通过光电二极管分别检测各色的强度。

由于 AR 系统中需要识别各种颜色的真实物体，物体表面尤其是拐点处的颜色通常发生变化，这些变化需要通过颜色传感器才能捕捉到。因此，颜色传感器的应用也是 AR 系统中的一个重要关注点。

2.7　人工智能技术

人工智能是集合了计算机科学、逻辑学、生物学、心理学和哲学等众多学科，在语音识别、图像处理、自然语言处理、自动定理证明及智能机器人等应用领域取得的显著成果。人工智能的产生已经为人类创造出很大的经济效益，正在惠及生活的方方面面，无人驾驶、人工智能医疗及语音识别等，为人类的生活提供了便利。同时人工智能的出现，取代了很多传统岗位，同时也创造了很多新的岗位来消化社会劳动力。人工智能的出现极大地推动了社会发展，让社会发展步入新的时期。人工智能技术包括语音识别、动作识别、物体识别、计算机视觉等多项技术。

2.7.1　手势识别

手势识别是通过数学算法来识别人类手势的一种技术。用户可以使用简单的手势来控制或与设备交互，让计算机理解人类的行为，其核心技术为手势分割、手势分析以及手势识别。

2.7.1.1　手势分割

手势分割的目的在于从包含手势的场景中提取出有意义的手势区域，主要通过手部颜色、形状、运动轨迹等手段，将手势区域与其他区域分离开。手势分割是整个手势识别系统中的起点和关键技术之一，其分割质量的好坏直接影响到后续操作，如特征提取、目标识别的最终效果。常见的分割方法包括基于活动轮廓模型、运动分析、肤色检测等技术。

A　基于活动轮廓模型的分割技术

活动轮廓模型是指在图像域上的曲线（曲面）、图像力（内力）和外部约束力共同作用下向物体边缘靠近的模型，主要由模型的描述、能量函数等组成。基于活动轮廓模型的分割方法是一种半自动的基于先验知识和用户交互的图像分割。根据使用方式、应用曲线的类型和图像能量项的选择等，将其划分为基于变分法的活动轮廓模型和几何活动轮廓模型的分割方法。基于变分法的活动轮廓模型分割技术是直接以不规则排列的不连续点构成曲线或基函数构成的曲面的参数形式显式地表达曲线/曲面的演化。其工作机制是首先为给定的模型构造所需的能量函数，其次利用变分法对该能量函数极小化，最后根据获得模型演化的偏微分方程，当轮廓线到达目标边界时，能量函数达到最小值而自动停止。几何活动轮廓模型分割方法主要是基于曲线进化的思想和水平集方法共同描述曲线进化的过程，因为采用了水平集方法而隐含有拓扑变化的能力，使得更为复杂结构的图像分割成为可能。其原理是把平面闭合曲线隐性地表示为具有相同函数值的点集，然后根据曲面的进化过程来隐性求解曲线的进化过程，嵌入的曲面总是其零水平集，因此只要确定零水平集就能够确定移动界面演化的结果。

B　基于运动分析的分割技术

基于运动分析的分割技术是指在二维连续图像序列中，将感兴趣的运动目标实体从场景中提取的过程。但是由于视频场景的复杂性，如受到光照、阴影等因素的影响，使得运动目标的分割变得困难。针对不同运动视频场景而言，目前常用于视频图像序列中的手势分割方法主要有以下几种：基于背景减法的分割方法、基于帧间差阈值的方法、基于光流场的分割方法。基于背景减法的分割方法，原理是先选取多幅图像的平均构建出一个背景图像，利用当前帧图像与背景帧图像相减，进行背景消去来获得差分图像，最后通过设定阈值进行目标提取的一种检测运动区域算法。基于帧间差阈值的方法基本原理是选取序列图像中相邻的两帧或三帧图像相减，得到相邻两帧图像亮度差的绝对值，通过设定阈值判断以实现运动目标的检测。基于光流场的分割方法的思想是通过序列图像中各个像素的矢量特征对光流方程进行求解，从而检测出运动区域，其实质是求解运动目标的速度。

C　基于肤色检测的分割技术

基于统计的肤色检测是利用建立的肤色统计模型实现肤色检测，包括颜色空间的选取和肤色建模两个方面，主要分为静态肤色检测和动态肤色检测。同其他特征的处理方式相比，颜色特征的处理更快捷简单，同时对方向不敏感，所以肤色检测在人脸和手势的识别与跟踪、数字视频处理、安全防范、医疗保健等领域有着极为广泛的应用价值。

2.7.1.2　手势分析与识别

手势分析与识别是从实际场景中提取出手部后，对手势的形状和运动轨迹进行判断分析，获取关键特征，进而掌握手势的含义。

手势分析的主要方法有以下几类：边缘轮廓提取法、多特征结合法以及指关节式跟踪法等。边缘轮廓提取法结合几何矩和边缘检测的手势识别算法，通过设定两个特征的权重来计算图像间的距离，实现对字母手势的识别。多特征结合法则是根据手的物理特性分析手势的姿势或轨迹，将手势形状和手指指尖特征相结合来实现手势的识别。指关节式跟踪法主要是构建手的二维或三维模型，再根据人手关节点的位置变化来进行跟踪，其主要应用于动态轨迹跟踪。

手势识别是将模型参数空间里的轨迹（或点）分类到该空间里某个子集的过程，其包括静态手势识别和动态手势识别，动态手势识别最终可转化为静态手势识别。从手势识别的技术实现来看，常见手势识别方法主要有：模板匹配法、神经网络法和隐马尔可夫模型法。模板匹配法是将手势的动作看成是一个由静态手势图像所组成的序列，然后将待识别的手势模板序列与已知的手势模板序列进行比较，从而识别出手势。隐马尔可夫模型法（HMM，Hidden Markov Model）是一种统计模型，用隐马尔可夫建模的系统具有双重随机过程，其包括状态转移和观察值输出的随机过程。其中状态转移的随机过程是隐性的，其通过观察序列的随机过程所表现。

当前，手势识别已经得到广泛应用，百度 AI 识别已经正式开放 22 种手势，这些手势包括点赞、OK、数字（2、3、4、6、7、8、9）等，此外，还支持多手检测，不限手势数量，支持近景自拍、他人拍摄（有效范围 3m）等多项功能。HoloLens 也公开了多种手势，包括点击、绽开等，本书在后续章节将详细介绍其开发过程与方法。

2.7.2　语音识别

语音识别是一门涉及多种类交叉学科的高新技术，应用到发声机理、听觉机制、人工智能、信号处理、模式识别、概率论和信息论等领域。其应用领域广泛，在虚拟现实、增强现实、自动化控制系统和第三产业都应用到语音识别系统，在信息化发展的过程中，语音识别技术越来越凸显出重要作用。

语音识别系统主要组成包括语音信号采样模块、语音信号前期处理模块、语音信号特征参数提取模块、语音信号识别核心模块、语音信号识别后期处理模块。模式识别匹配是语音识别的主要过程。首先对人的语音进行分析，提取特点建立针对性的语音模型，通过语音模型建立语音识别所需的模式。利用语音识别的整体模型，在语音识别过程中将得到的语音信号的特征与前期建立的语音模式进行匹配比较，通过预设的搜索策略和匹配策略，可以得出最好的且与输入的语音信号相匹配的模式。最后，根据定义，通过一系列查表就可以轻松得出计算机输出的识别结果。

目前应用较多的语音识别技术类型主要包括几种：

（1）动态时间规整算法（DTW，Dynamic Time Warping）。动态视觉规整算法就是根据每个人的语音和语速差异，自动延长或缩短语音时间，然后对其进行比较分析，进而理解语音的含义。

（2）矢量量化算法（VQ，Vector Quantization）。矢量是由标量数据组成的，通过整体量化，在不损失太多信息的前提下大幅度压缩数据。矢量量化应用在孤立词检索、短句的语音识别中。方法是将提取的特征参数或语音信号波形作为标量数据组成一个矢量然后进行整体量化。把矢量空间分割成一些小区域，每个小区域由一个矢量代表，量化时分到小区域的矢量就用这个指定矢量代替。

（3）人工神经网络（ANN，Artificial Neural Network）。人工神经网络是由大量处理单元互联组成的非线性、自适应信息处理系统，ANN 的特点是输入-输出映射能力和分类能力强大，非常适合在语音识别中应用。通过对人脑思维机制模仿，具有强大的分类决策能力和对不确定信息的描述能力。

（4）支持向量机（SVM，Support Vector Machine）。支持向量机的理论基础是结构风险最小原理和 VC 维理论，即有限的样本信息在复杂性和学习能力之间寻优，从而达到最好的寻优能力，克服经验风险最小化方法的缺点。在非线性及高维模式、小样本识别领域展现了高超的技能。

百度 AI 语音识别包括短语音识别（60s 内一段语音的识别）、实时语音识别、音频转换为文字等多种功能。HoloLens 支持声音识别技术，能够理解用户常见的英文单词，如 OK、YES 等，本书在后续章节将详细介绍其开发过程和方法。

2.7.3 音效仿真

音效仿真技术就是在特定条件下，模拟人或某种设备发出的声音，且包含一定的语调、语速等信息。通过提高声音的仿真效果，可以增强 AR 系统的沉浸感和真实度。根据虚拟环境位置和目的的不同，三维音效可以分为下述 4 种类型。

（1）方位性声音。方位性声音就是能够向用户呈现带有方向特征的声音，它能明确地提供空间位置信息及其变化过程，如飞机过顶、车辆运行等。

（2）碰撞性声音。碰撞性声音是指在体验者周围，由真实世界物体发生真实碰撞、虚拟世界发生的模拟碰撞以及由真实物体和虚拟物体发生的 AR 碰撞等三种情况形成的声音。这里声音的效果需要根据碰撞的材质、速度、力度进行实时计算，它不是一个固定值。

（3）近体声音。近体声音就是模拟听者周围的声音，该声音无需区分方位或难以区分位置，如用户自身的脚步声。

（4）背景声。背景声是为了营造 AR 效果而发出的一种音效，如自然界的风声、雨声等。

运用音效仿真主要包括声音的采集、处理、合成、使用等阶段，如图 2-4 所示。

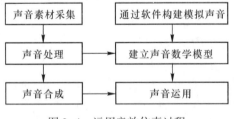

图 2-4　运用音效仿真过程

声音的来源既可以来源于自然界，也可以通过专业软件进行模拟，前者需要通过采集设备进行收集并处理，后者需要专业人士利用软件生成，不管是采集，还是软件模拟，目的都在于建立声音数学模型，或者将多种声音进行组合，最终形成特定目的的声音效果。

2.7.4 位移计算

位移表示物体（质点）的位置变化，它由初始位置到结束位置的有向线段，是一个有大小和方向的物理量，即矢量或向量。

　　跟位移类似的概念叫做距离，当一个物体从 A 点到 B 点，则距离为物体从 A 到 B 的路程。而位移向量 $\overline{AB}$ 的大小只与物体运动的始末位置有关，如果质点在运动过程中经过一段时间后回到原处，那么，距离不为零而位移为零。在增强现实系统中，用户的位置会发生变化，但是系统捕捉的是世界坐标系中的实际位置和方向，因此需要使用位移，而不是距离。

　　假设世界坐标系 $O_w X_w Y_w Z_w$ 中任意两点 A、B 的坐标分别为 A（x_a，y_a，z_a）、B（x_b，y_b，z_b），如图 2-5 所示。

　　则从 A 到 B 的位移方向为向量 $\overline{AB}$ 的方向，即 A→B 方向，位移大小

$$d = \sqrt{(x_a - x_b)^2 + (y_a - y_b)^2 + (z_a - z_b)^2} \qquad (2-9)$$

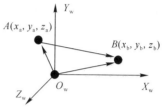

图 2-5　世界坐标系中任意两点

2.7.5　物体识别

　　物体识别是计算机视觉领域中的一项基础研究，它的任务是识别出空间中有什么物体，并报告出这个物体在场景中的位置和方向。目前物体识别方法可以归为两类：基于模型的或者基于上下文识别的方法，二维物体识别或者三维物体识别方法。对于物体识别方法的评价标准，目前得到广泛认可的标准有 4 个，分别为：健壮性（robustness）、正确性（correctness）、效率（efficiency）和范围（scope）。

2.7.5.1　物体识别的步骤

A　图片的预处理

预处理几乎是所有计算机视觉算法的第一步，其目的是尽可能在不改变图像承载的本质信息的前提下，使得每张图像的表观特性（如颜色分布，整体明暗，尺寸大小等）尽可能一致，主要包括模式的采集、模数转换、滤波、消除模糊、减少噪声、纠正几何失真等操作。

预处理经常与具体的采样设备和所处理的问题有关。例如，从图像中将汽车车牌的号码识别出来，就需要先将车牌从图像中找出来，再对车牌进行划分，将每个数字分别划分开。做到这一步以后，才能对每个数字进行识别。以上工作都应该在预处理阶段完成。在物体识别中所用到的典型的预处理方法不外乎直方图均衡及滤波几种。像高斯模糊可以使之后的梯度计算更为准确。而直方图均衡可以克服一定程度的光照影响。值得注意的是，有些特征本身已经带有预处理的属性，因此不需要再进行预处理操作。

预处理通常包括五种基本运算：

（1）编码：实现模式的有效描述，适合计算机运算。

（2）阈值或者滤波运算：按需要选出某些函数，抑制另一些。

（3）模式改善：排除或修正模式中的错误，或不必要的函数值。

（4）正规化：使某些参数值适应标准值，或标准值域。

（5）离散模式运算：离散模式处理中的特殊运算。

B　特征提取

特征提取是物体识别的第一步，也是识别方法的一个重要组成部分，好的图像特征使得不同的物体对象在高维特征空间中有着较好的分离性，从而能够有效地减轻识别算法后续步骤的负担，达到事半功倍的效果，下面对一些常用的特征提取方法进行介绍。

a　图像特征提取方法

图像特征提取就是提取出一幅图像中不同于其他图像的根本属性，以区别不同的图像。如灰度、亮度、纹理和形状等特征都是与图像的视觉外观相对应的。而还有一些则缺少自然的对应性，如颜色直方图、灰度直方图和空间频谱图等。基于图像特征进行物体识别实际上是根据提取到图像的特征来判断图像中物体属于什么类别。形状、纹理和颜色等特征是最常用的视觉特征，也是现阶段基于图像的物体识别技术中采用的主要特征。

b　图像颜色特征提取

图像的颜色特征描述了图像或图像区域的物体的表面性质，反映出的是图像的全局特征。一般来说，图像的颜色特征是基于像素点的特征，只要是属于图像或图像区域内的像素点都将会有贡献。典型的图像颜色特征提取方法有颜色直方图，颜色集，颜色矩等。

颜色直方图是最常用的表达颜色特征的方法，它能简单描述图像中不同色彩在整幅图像中所占的比例，特别适用于描述一些不需要考虑物体空间位置的图像和难以自动分割的图像，但是无法描述图像中的某一具体的物体，无法区分局部颜色信息。

颜色集方法可以看成是颜色直方图的一种近似表达。具体方法是：首先将图像从 RGB 颜色空间转换到视觉均衡的颜色空间，然后将视觉均衡的颜色空间量化，最后采用色彩分割技术自动地将图像分为几个区域，用量化的颜色空间中的某个颜色分量来表示每个区域的索引，这样就可以用一个二进制的颜色索引集来表示一幅图像。

颜色矩是由 Stricker 和 Orengo 提出的一种简单有效的颜色特征表示方法。这种方法的数学基础在于图像中任何颜色分布均可以用它的矩来表示。此外，由于颜色分布信息主要集中在低阶矩中，因此，采用颜色的一阶矩、二阶矩和三阶矩就可以表达图像的颜色分布。此外，颜色矩不需要对特征进行向量化。因此，图像的颜色矩一共只需要 9 个分量（3 个颜色分量，每个分量上 3 个低阶矩）。

c　图像纹理特征提取

图像的纹理是与物体表面结构和材质有关的图像的内在特征，反映出来的是图像的全局特征。图像的纹理可以描述为：一个邻域内像素的灰度级发生变化的空间分布规律，包括许多重要的图像信息，如表面组织结构、与周围环境关系等。

典型的图像纹理特征提取方法有统计方法，几何法，模型法，信号处理法等。统计方法是灰度共生矩阵纹理特征分析方法；几何法是建立在基本的纹理元素理论基础上的一种纹理特征分析方法；模型法是将图像的构造模型的参数作为纹理特征；信号处理法主要是小波变换为主。

d　图像形状特征提取

形状特征是反映出图像中物体最直接的视觉特征，大部分物体可以通过分辨其形状来进行判别。所以，在物体识别中，形状特征的正确提取显得非常重要。

常用的图像形状特征提取方法有两种：基于轮廓的方法和基于区域的方法。这两种方法的不同之处在于，对于基于轮廓的方法来说，图像的轮廓特征主要针对物体的外边界，描述形状的轮廓特征的方法主要有：样条、链码和多边形逼近等；而在基于区域的方法中，图像的区域特征则关系到整个形状区域，描述形状的区域特征的主要方法有：区域的面积、凹凸面积、形状的主轴方向、纵横比、形状的不变矩等。这些关于形状的特征目前已得到了广泛的应用。典型的形状特征描述方法有：边界特征法，傅里叶形状描述符法，几何参数法，形状不变矩法。

e　空间特征提取

空间特征是指图像中分割出来的多个目标之间相互空间位置或者相对方向关系，有相对位置信息，例如上下左右，也有绝对位置信息，则常用提取空间特征方法的基本思想对图像进行分割提取出特征后，并对这些特征建立索引。

C　特征选择

再好的机器学习算法，没有良好的特征都是不行的。然而有了特征之后，机器学习算法便开始发挥自己的优势。在提取了所要的特征之后，接下来的一个步骤是特征选择。当特征种类很多或者物体类别很多时，需要找到各自的最适应特征的场合。严格来说，任何能够在被选出特征集上工作正常的模型都能在原特征集上工作正常，反过来进行了特征选择则可能会丢掉一些有用的特征；不过由于计算上的巨大开销，在把特征放进模型训练之前还得进行特征选择。

D　建立模型

一般物体识别系统赖以成功的关键在于属于同一类的物体总是有一些地方是相同的。而给定特征集合，提取相同点，分辨不同点就成了模型要解决的问题。因此可以说模型是整个识别系统的成败之所在。对于物体识别这个特定课题，模型主要建模的对象是特征与特征之间的空间结构关系。主要的选择准则，一是模型的假设是否适用于当前问题；二是模型所需的计算复杂度是否能够承受，或者是否有尽可能高效精确或者近似的算法。

E　匹配

在得到训练结果之后（在描述、生成或者区分模型中常表现为一簇参数的取值，在其他模型中表现为一组特征的获得与存储），接下来的任务是运用目前的模型去识别新的图像属于哪一类物体，并且有可能的话，给出边界，将物体与图像的其他部分分割开。一般当模型取定后，匹配算法也就自然而然地出现。在描述模型中，通常是对每类物体建模，然后使用极大似然或是贝叶斯推理得到类别信息；生成模型大致与此相同，只是通常要先估出隐变量的值，或者将隐变量积分，这一步往往导致极大的计算负荷；区分模型则更为简单，将特征取值代入分类器即得结果。

F　定位

在成功识别出物体之后，对物体进行定位成为进一步的工作。一些模型，如描述生成模型或是基于部分的模型天生具有定位能力，因为它们所要处理的对象就是特征的空间分布，而特征包方法相对较难定位，即使是能定位，准确程度也不如前者。不过近年来经过改进的特征包方法也可以做相当精确的定位。一部分是因为图像预分割及生成模型的引入，另一部分则归功于一些能够对特征包得到的特征进行重构的方法。

2.7.5.2　物体识别的主要方法

根据识别方法是否对局部特征之间的关系建模，可以把识别方法分为基于统计的方法与基于物体部件的方法。

A　基于统计的物体分类方法

基于统计的物体分类方法（BoW，Bag of Words）严格来说并不是一种物体识别方法，而是一种物体分类方法。这种模型的灵感来自 NLP 中的 BoW 模型，一幅图像可以看作是一篇"文档"，而图像中提取出的特征认为是"词语"。

BoW 包含两种常用的学习识别方法，分别为生成性方法的学习与识别、鉴别性方法的学习与识别。前者通过先验知识去拟合并解释图像中的信号，结论是图像中包含某类物体的可能性有多大的话；而后者得出的结论是图像中包含某类物体的可能性相比于包含其他类物体的可能性的比值是多少，或者说比较哪种可能性更大，从而帮助做出推理判断。

B　基于物体部件的识别

BoW 的一个主要缺陷就是没有对特征之间的关系进行建模，因此无法刻画各个特征在空间中的顺序关系。基于物体部件的识别方法利用相关模型来匹配目标物体，进而对物体进行识别。该识别方法可以分为自顶向下的识别方法与自底向上的搜索方法、基于模型的物体识别方法、基于周围环境的物体识别方法等。

从顶向下的识别方法与从底向上方法，根据识别方法的搜索方向，可以将识别分为自顶向下的识别方法和自底向上两类搜索方法。前一种方法通常有一个先验物体模型，通过在图像中寻找这个先验模型来实现物体检测。后一种方法从图像的底层或中层信号，例如图像分割块，轮廓线条出发，按照某种规则从物体部分逐步构造至物体整体，在构造过程中通常采用一定的能量函数对构造结果进行评估与验证。

基于模型的物体识别方法首先需要建立物体模型，然后使用各种匹配算法从真实的图像中识别出与物体模型最相似的物体，它的主要任务就是要从二维或三维图像抽取的特征中，寻找出与模型库中已建好的特征之间的对应关系，以此来预测和识别物体。

基于周围环境的物体识别方法是考虑物体周围的环境情况，区分、理解和识别相关物体。与基于模型的物体识别方法相比，此类方法更接近于真实世界，描绘和识别的物体更具有真实性，也更能反应物体的真实特征，但是，难度也更大。

2.7.5.3　物体识别的性能评估方法

判定物体识别的性能通常采用 PR 曲线。其中 P（Precision）指精度，一般为 y 轴；R（Recall）指识别率，一般为 x 轴，P、R 可以用如下公式计算：

$$P = \frac{识别正确的结果}{所有识别结果}; \quad R = \frac{识别正确的结果}{实际上正确的结果} \tag{2-10}$$

一个好的识别方法应该同时具备高的精确率与高的识别率。精确率等于 0.5 是一个界限，当精度低于 0.5 时，说明该方法的效率已经低于随机猜测的结果，因为随机猜测的精确率为 0.5。除了 PR 曲线，也有文献使用其他曲线来度量识别结果，如 ROC 曲线或 FPPW 等。

2.7.5.4　物体识别的困难与前景

虽然物体识别已经被广泛研究了很多年，研究出大量的技术和算法，物体识别方法的健壮性、正确性、效率以及范围得到了很大的提升，但是现在依然存在一些困难以及识别障碍。这些困难主要有：

（1）获取数据问题。在不同的视角对同一物体也会得到不同的图像，物体所处的场景的背景以及物体会被遮挡，背景杂物一直是影响物体识别性能的重要因素，场景中的诸多因素，如光源、表面颜色、摄像机等也会影响到图像的像素灰度，要确定各种因素对像素灰度的作用大小是很困难的，这些使得图像本身在很多时候并不能提供足够的信息来恢复景物。

（2）知识导引问题。同样的图像在不同的知识导引下，会产生不同的识别结果，知识库的建立不仅要使用物体的自身知识，如颜色、纹理、形状等，也需要物体间关系的知识，知识库的有效性与准备性直接影响了物体识别的准确性。

（3）信息载体问题。物体本身是一个高维信息的载体，但是图像中的物体只是物体的一个二维呈现，并且在人类目前对自己如何识别物体尚未了解清楚，也就无法给物体识别的研究提供直接的指导。目前人们所建立的各种视觉系统绝大多数是只适用于某一特定环境或应用场合的专用系统，而要建立一个可与人的视觉系统相比的通用视觉系统是非常困难的。

（4）前景展望。虽然存在着很多困难，但是随着人类对自己视觉的逐步了解，一个通用的物体识别技术终会被研究成功。人们一直致力于开发各种智能工具辅助人们的生产生活，比如机器人的研制，但是要想使得机器人可以像人一样运动，辅助人们的工作生活，那么前提是机器人必须具备类似于人的视觉系统，能够识别物体以及场景，真正的智能工具应该要具备"视觉"。物体识别技术的成功将会极大改变提高智能工具的能力，成为计算机技术里程碑式的一项研究。

2.7.5.5　行业应用

物体识别在电商、汽车等行业有着广泛的应用，电商物体识别的应用包括商品分类、价格比对、款式识别、时尚穿搭、真伪识别等；汽车物体识别的应用包括车型识别、车牌识别、驾乘人员识别等。

HoloLens 借助于 vuforia 等工具可以实现图像和三维物体的识别，本书后续章节将详细介绍 HoloLens 识别物体的开发方法。

2.8　无线通信技术

无线通信是将信号发射，由接收方接收、进行处理后再传输的过程。它可在自由空间中传播来进行信息交换，在移动设备中实现的无线通信通常也被称为移动通信。以手机为例，两部手机进行通信时，其中一部主机将无线信号发射出去，基站接收信号并进行处理，再传输给另一基站，另一基站将信号处理后再以电磁波形式发出，另一部手机接收电磁波信号，从而实现无线通信。无线通信技术发展到今天，诸多方面已经较为成熟，根据使用的广泛程度，主要介绍以下三种技术。

2.8.1　蓝牙技术

蓝牙技术是一种无线数据和语音通信开放的全球规范，它是基于低成本的近距离无线连接，为固定和移动设备建立通信环境的一种特殊的近距离无线技术，实际上是一种短程无线通信技术。利用"蓝牙"技术，能够有效地简化掌上电脑、笔记本电脑和移动电话等移动通信终端设备之间的通信，也可以成功地简化这些设备之间的互联网，使现代通信设备和网络之间的数据传输变得更加有效，以扩大无线通讯的方式。更坦率地说，蓝牙使今天的一些便携移动设备和计算机设备能够不需要电缆就能连接到互联网，并且可以无线接入互联网。

蓝牙技术可将设备的无线互联连接到一个小容器中，该容器可以访问数据网络或因特网。在 2.4GHz 频段，不需要申请频率许可。采用 1600HOP/s 的快速调频技术，提供一定程度的物理层安全保障。前向纠错编码技术的应用，降低了误码率，保证了通信质量。交易采用调频，设备简单，支持点到多点通讯，具有自动查询设备和服务类型功能，具有一个完整的系统，完全支持现有的高级协议，并且有许多工作模式。它支持多种设备之间的无线数据交换和文件同步，允许移动电话、便携式计算机和各种便携式通信设备在近距离共享。支持非可视通信和连接以及移动通信中的无线连接和通信。

蓝牙技术的基本结构是微微网，每个微微网只有一个主设备，一个主设备可以同时与多个从设备进行通信，多个蓝牙设备组成微微网，而多个微微网又可以连接成更加广阔的散射网，如图 2-6 所示。

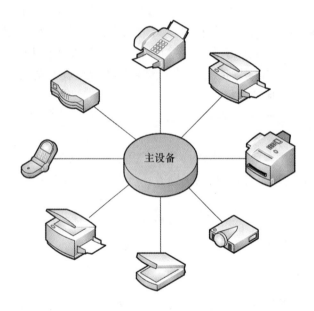

图 2-6 微微网基本结构

在微微网中，所有设备的级别是相同的，具有相同的权限（如手机可通过蓝牙音箱播放音乐，同时与其他手机交换数据）。微微网 A 中的主设备可以成为微微网 B 的从设备。每个微微网都有独立的跳频序列，微微网间不会发生跳频同步，无同频干扰。微微网可以进一步组成散射网，如图 2-7 所示。

散射网是由多个独立的非同步的微微网组成的，比单一微微网覆盖更多设备，更大范围。一个散射网最多可以连接 10 个微微网。不同微微网之间有互联的桥接设备，桥接设备可由主设备或从设备充当，一个设备不能担任两个微微网的主设备。

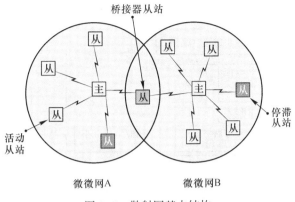

图 2-7　散射网基本结构

蓝牙最初是由电信巨头爱立信在 1994 年开发的，作为 RS-232 数据线的替代。自发展以来，蓝牙凭借其体积小，重量轻的特点，如今逐步趋于成熟，遵守特定的无线技术标准，可高效实现固定设备、移动设备和建筑之间的短距离个人域网络数据交换。通过连接多个设备，克服了数据同步的问题，其组成和通信体系分别如图 2-8 和图 2-9 所示。

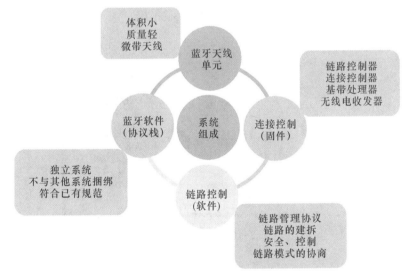

图 2-8　蓝牙系统基本组成

蓝牙技术提供低成本，低供耗的无线通信技术，顺应了现代通信技术的发展潮流，对无线通信的起步起到巨大的作用，具有十分广阔的发展空间。目前蓝牙技术主要用于电话，但逐步向更深的应用层面拓展，如服务交付、远程车辆状态诊断、车辆安全系统、汽车通信、多媒体下载等，图 2-10 展示了在语言传输方面的应用。

蓝牙技术目前仍处于发展阶段，其应用尚处于起步阶段，要真正实现大规模进入商业市场并在其中普及，需要解决大量的应用技术细节。作为一种短距离无线通信技术，蓝牙技术并非唯一，但与其他相应无线通信技术相比，蓝牙技术的优势在于其具备全球统一开放的标准体系。

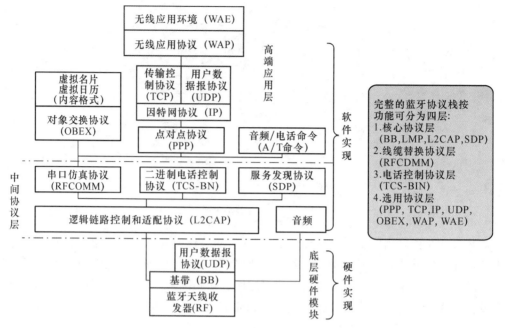

图 2-9　蓝牙通信协议体系

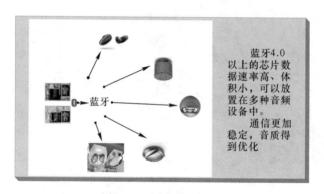

图 2-10　语音输入应用

2.8.2　WiFi 技术

2.8.2.1　典型 WiFi 标准

WiFi 是一个国际无线局域网（WLAN）标准，全称为 Wireless Fidelity，又称 IEEE 802.11b 标准。WiFi 最初是以 IEEE 802.11 协议为基础，定义了 WLAN 的 MAC 层和物理层标准。之后，相继有众多版本被推出，典型的是 IEEE 802.11a，IEEE 802.11b，IEEE 802.11g，IEEE 802.11n。

（1）802.11a：1999 年 9 月推出，802.11b 的后继标准，又称高速 WLAN 标准，工作在 5GHz ISM 频段，以 OFDM 为调制方式，通讯速度可以达到 54Mb/s，但与 802.11b 协议不兼容。

（2）802.11b：1999 年 9 月推出，最初的 WiFi 标准，工作在 2.4GHz ISM 频段，兼容 802.11a、802.11b，修改了 802.11 物理层标准，使用 DSSS 和 CCK 调制方式，速率可达 11Mb/s。

（3）802.11g：2003 年 6 月推出，工作在 2.4GHz 频率范围（频段宽度 83.5MHz），组合了 802.11b 和 802.11a 标准的优点，在兼容 802.11b 标准的同时，采用 OFDM 调制方式，速率可达 54Mb/s。

（4）802.11n：2009 年才被 IEEE 批准，在 2.4GHz 和 5GHz 均可工作，协议兼容 IEEE 802.11b/a/g，采用 MIMI 无线通信技术和 OFDM 等技术，更宽的 RF 信道及改进的协议栈，传输速率可高达 300～600Mb/s，满足当前社会和个人对信息化的要求。

WiFi 技术的主要用途是通过无线方式使计算机设备互联，从而使网络的构建和终端的移动更加灵活。目前 WiFi 可以通过不同的网络拓扑结构进行组网，主要包括两种组网方式：基础网（Infrastructure）和自组网（Ad-hoc）。

WiFi 网络结构中，设备主要有站点（STA，Station）和无线接入点（AP，Access Point）两种类型。站点是网络最基本的元素，连接到无线网络中的每一个设备都可以被称为站点。无线接入点不仅创建了无线网络，同时也作为网络的中心节点，目前随处可见的路由器就是一个 AP。

2.8.2.2　典型 WiFi 拓扑结构

常见的 WiFi 结构包括基础网、自组网等。基础网有以下特征：

（1）基于 AP 组建的基础无线网络；

（2）由 AP 创建，众多 STA 加入所组成；

（3）AP 是整个网络的中心；

（4）STA 设备之间不能进行独立通信，信息需经过 AP 的转发。

基础网拓扑结构如图 2-11 所示。

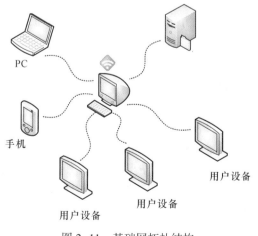

图 2-11　基础网拓扑结构

自组网有以下特征：

（1）仅由两个及以上 STA 组成，网络中不存在 AP；

（2）各个设备自建网络进行组网，所有设备都是对等的；

（3）网络中的 STA 可以直接进行信息交互，不需要其他设备转发；

（4）Ad-hoc 模式也叫做对等模式，允许利用一对具备无线功能的设备快速建立无线连接进行数据共享。

自组网网络拓扑结构如图 2-12 所示。

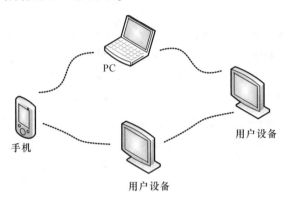

图 2-12　自组网网络拓扑结构

2.8.2.3　WiFi 层次结构

WiFi 的使用需要遵循特定的协议，其协议体系遵循 OSI 参考模型，包括应用层、传输层、网络层、数据链路层（逻辑链路控制 LLC 子层和介质访问控制 MAC 子层）、物理层。

（1）物理层：802.11b 定义了工作在 2.4GHz ISM 频段上数据传输率为 11Mb/s 的物理层，使用调频扩频传输技术和直接序列扩频传输技术。

（2）MAC 层：MAC 层提供了支持无线网络操作的多种功能。通过 MAC 层站点可以建立网络或接入已存在的网络，并传送数据给 LLC 层。

（3）LLC 层：IEEE 802.11 使用与 IEEE 802.2 完全相同的 LLC 层和 48 位 MAC 地址，这使得无线和有线之间的桥接非常方便。但是 MAC 地址只对 WLAN 唯一确定。

（4）网络层：采用 IP 协议，是互联网中最重要的协议，规定了在互联网上进行通信应遵守的准则。

（5）传输层：采用 TCP 或 UDP 协议，TCP 是面向连接的协议，可以提供 IP 环境下的可靠传输；UDP 是面向非连接的协议，不为 IP 提供可靠性传输。对于高可靠的应用，传输层一般采用 TCP 协议。但是在网络环境良好的情况下，使用 UDP 协议传输效率更高。

（6）应用层：根据应用需求实现，如 HTTP 协议、DNS 协议。

理论上，通过无线电波范围内的任意站点都可以访问无线网络，截取网络中收发的所有数据。因此为了保障网络的安全，设置网络的安全机制就非常重要。WiFi 网络安全机制包括访问控制和加密。访问控制只允许授权用户可以访问敏感数据。加密保障了数据只能被允许的接收方理解。

2.8.2.4　设备接入 WiFi 过程

设备接入 WiFi 网络的过程一般分为以下几个步骤：发现网络、选择网络、认证、关联、认证加密。

（1）发现网络。发现网络通畅采用无线扫描的方式，分为主动扫描和被动扫描。主动扫描速度快，但是功耗大。被动扫描耗时长，但是 STA 省电。

（2）选择网络。STA 找到与其在配置过程添加的相同 AP 名称，并连接这个网络，然后进入 AP 对设备的认证阶段。

（3）认证。认证就是 AP 验证 STA 身份是否正确的过程，如果不正确将不能加入无线网络。STA 和 AP 也可以通过解除认证来断开网络连接。

（4）关联。当 AP 验证 STA 的身份正确后，STA 会向 AP 发送关联请求，并且 AP 将 STA 的信息加入数据库并向 STA 回应关联的结果，从而建立起关联，之后便可以传输数据了。

（5）认证和加密。WiFi 认证和加密有四种方式：Open System、WEP、WPA、WPA2。Open System 是完全不认证不加密方式，所有设备可直接连接 AP 使用网络。WEP 作为一种最基本的加密方式，采用了 RC4 算法可保障数据的安全性，有 64 和 128 位密钥两种加密方式。WPA 是由 IEEE 802.11i 制定的一种无线局域网安全技术，可以完全代替传统的WEP 加密技术，分为家用的 WPA-PSK 和企业用的 WPA-Enterprise a WPA-PSK 使用临时密钥完整性协议加密技术，解决了很多 WEP 加密技术所存在的安全问题。WPA2 是 WPA技术的加强版，采用高级加密协议（AES，Advanced Encryption Standard），比 WPA 更难被破解，更加安全。

2.8.3　4G/5G 技术

在电子技术与互联网快速发展的今天，移动通信技术得以逐步提高，在人们生活中得到了广泛运用与普及。

2.8.3.1　4G 技术组成与关键技术

第四代移动通信技术有 4 大重要组成部分，包括：宽带接入（无线且固定的）、LIAN（无线宽带局域网）、分布网络系统及移动宽带系统，其传输非对称数据速率大于 2Mbits/s。第四代移动通信提供的无线服务没有时间、平台及网络的限制，用户可自由选择相关业务、运用方式及网络，不会遇到障碍。其功能强悍，主要包括定位准确、搜集数据及远程控制等。另外 4G 作为一项功能齐全的移动通信系统，它能将宽带与 IP 系统相连接，系统中融合了多种无线技术，如增强技术（3G）与 WLAN 等。4G 通信包含了多种关键技术。

A　OFDM 技术

第三代移动通信是基于 CDMA 发展起来的，而第四代移动通信则是在 OFDM 这一关键技术上形成的。OFDM 属于多载波调制中的一部分，它对信道进行分类，分成多个正交子信道，实现数据信号传输从高速转向低速。在接收端，通过相应技术对各种正交信号有效分类，避免两个或多个子信道间产生干扰。对单个子信道而言，其信号带宽比信道带宽窄，这些子信道相对来说是平坦且趋于衰落的，多个符号间也不易出现干扰。另外，子信道的带宽在原信道带宽中只占少部分，信道很容易保持均衡。

B　智能天线技术应用

SDMA（空分复用接入）技术，传输方向不同，信号也会有所不同，智能天线技术正是利用了这点，将频率或时隙、码道相同的信号分离，从而改变信号的变化区域，将主波束瞄准某个方向，旁边或有一定缺陷的波束向着信号容易产生干扰的方向，以便实时监控用户及环境的动态情况，使用户能把握正确的信号方向，不受其他因素的干扰。

C　MIMO 技术

MIMO 技术基于多天线技术，它主要通过设置分立式多天线，把通信路段分为多个平行的子信道，以便更好地增加其容量。在无线信道受限的情况下，运用 MIMO 技术可进行有效、高速的数据传输，且系统容量会有所增加，信号传输质量及空间分集效率都会得到很大提升。

D　软件无线电技术

伴随着微电子技术的快速发展，以当代通信理论为指导的软件无线电应运而生，它以信号和数据处理为主要目标，并以微电子技术为辅助。软件无线电技术是 4G 的核心技术，是实现 4G 的助推力，它综合应用各项技术，不仅能有效减小开发和使用中的风险，还能实现研发产品的多样化发展。

E　多用户检测技术

不管是在 4G 系统的终端还是基站，多用户检测技术都得到了广泛应用，其目的是要提高系统容量。其基本理念为：将在同一时间点上占据同一信道的用户信号视为有用信号，并对其进行噪声处理，通过不同用户的码元、信号幅度及空间等情况，查看某一用户所处区域的信号。也就是通过各种信息、信号处理技术，有序处理接收到的信号，对多个用户进行联合检测。

F　IPv6 技术

鉴于 4G 通信系统以基于 IP 的分组交换为主要数据流传输方式，IPv6 将成为 4G 网络的研究重点。IPv6 协议具有以下特点：（1）地址空间大。在某一特定的时间内，它可以给所有网络设备一个绝无仅有的地址。（2）自动化控制。IPv6 可自动配置地址，一种是无状态，一种是有状态，该地址不受人工干预。（3）QoS（服务质量）。从协议上分析 IPv6 与 IPv4 有一样的 QoS，但 IPv6 所给予的服务更全面。这主要是由于 IPv6 报头中出现了"流标志"这一字段，使其在传输信息流时，各节点能自主识别和处置各种 IP 地址流。（4）移动性。不同的移动设备都有不同的本地地址，当设备不在其所在地使用时，运用转交地址就能将其所在位置的详细信息了解清楚。

2.8.3.2　4G 技术与前三代相比的技术优势

4G 与过去三代对比而言，在技术方面的优势是非常明显而且几乎无法相互比较，4G 移动通信网络的技术优势主要体现在如下几个方面。

A　通信速度快

第四代移动通信技术与过去的三代移动通信技术对比，在通信速度方面具有明显的优势。由于 4G 移动通信技术使用了多种具有先进功能的网络技术，包括它在网络架构上应用了以路由技术为重要支撑的通信网络架构，并在其中引入了交换层级技术。这使得 4G 网络不仅可兼容多种类型的通信网络接口，还可以使 4G 网络的通信速度获得有效提升，传输速率可达 10~20Mb/s，以至于能够获得 100Mb/s 的最高传输速率，这是以往广泛使用的移动终端的网络数据传输速率的几十倍。

B　通信灵活

经过最近几年的快速建设，4G 技术能够在各个行业得到广泛的应用，使得从业人员获取了极大的便利。4G 技术在通信速度上的优势，使得用户可以在任何地方任意时间通过手机、平板电脑等智能移动设备进行数据资料的上传下载，而且不受部分工作地点没有网线或 WiFi 热点的限制，并且还可以为用户提供更加清晰的语音或视频通话。因此，4G 技术为用户的工作和生活提供了更加灵活快捷的通信服务。

C　增值服务

4G 即第四代移动通信技术并非是在 3G 移动通信技术的根底上进级而来，是一项运用了多种先进网络技术的新型通信系统。在核心技术上，4G 通信系统与 3G 通信系统完全不同，3G 的核心技术是码分多址（CDMA），而 4G 的核心技术则是正交频分复用（OFDM），这一本质性区别使得 4G 技术可以通过正交频分复用技术进行多种增值服务，其中包括数字语音通讯广播和无线区域环路等。

4G 技术已经能够广泛运用在高速公路联网上，并且可以进行高效数据传输，具有相当快的传输速度。在点对多点无线通信技术方面，4G 网络采用了不对称设计的方式，实现了在移动终端设备和网络之间的灵活高效信息交互。

2.8.3.3　5G 技术与前四代相比的技术优势

5G 是 4G 的延伸，是第五代移动通信标准，也称第五代移动通信技术。5G 具有高速率、低时延、大容量等特征。

在高速率方面，5G 的网络速度是 4G 的 10 倍以上。在低时延方面，5G 的时延已达到毫秒级别，仅为 4G 的十分之一。在大容量方面，5G 网络连接容量更大，即使 50 个客户在一个地方同时上网，也能有 100Mb/s 以上的速率体验。

目前 5G 技术成为各国重要的博弈点，5G 技术有着更快的吸收效率和抗干扰的能力，接收效率不再受天气的影响，这是 4G 技术无法比拟的，目前 4G 技术的普及度仍是最高的，但 4G 技术在当今经济发展中已难当重任，所以互联网领域在不断的加强对 5G 技术的研究与探索。5G 技术加强了人与物之间的高速连接，将现实生活与网络进行进一步的连接。5G 技术未来的发展前景也被普遍看好。

A　实现万物互通互联

4G 技术已经开始使用在智能家居、自动驾驶等行业，但处于初级发展阶段，不能真正的实现任何事物之间的互通互联。而 5G 技术则可以很好满足万物互联互通的需求。5G 技术的超大流量与超快的传输速度都是 4G 技术难以比拟的，在未来使用中，5G 技术自身优势将加快推进互联网的迅猛发展，全面实现万物的互联互通。

B　生活趋向云端化

5G 技术相比 4G 技术最大的变化就是传输速度的大幅度提升，这将意味着 4k 及 8k 的视频在任何情况下都能保持顺畅无卡顿的播放，云技术也会得到更加深入的研究，云技术的普及度也会大大加深。云盘代替传统硬盘拥有更大的存储空间和更快的加载速度，打破空间、地域以及时间的差异，任何时间、地点都可通过云空间传输大文件。

C　智能化交互

5G 技术的研发与应用将实现各类人工智能的数据交互。使以往难以实现的技术，例如虚拟现实、远程医疗技术等得到发展，为人们的生活带来更大的便利，彻底改变各个行业、领域的发展现状，对于各个行业、领域而言都是发展机遇。除了人们日常使用的电子产品，还有汽车、门锁等都可以实现智能化交互工作。一旦发生特殊情况，相关持有者就能第一时间收到通知，持有者能快速解决问题，降低损失的风险率。

客观来看，5G 技术还不完美，其发展中的不足将由 6G 技术来解决。与之前各个阶段的移动通信技术一样，5G 技术自身在不断演进的同时也存在新的不足，而其不足则需通过移动通信技术的继续演进来弥补。目前，在 5G 进行商用实验的同时，6G 技术的研究已渐渐展开。在未来的发展阶段，新一代的移动通信技术将为信息传播产业发展带来新的想象和发展空间，抓住 5G 技术的发展机遇，获得 5G 产业的发展空间，将是信息传播产业所要考虑的重要问题。移动通信网络从 4G 到 5G、从 5G 到 6G 演进过程将进一步推动社会科技水平的整体提升。

2.9　定位技术

定位技术在几千年前就已经产生，随着人类社会的不断发展，定位精度在持续提升，从军用到民用，使用广泛程度也进一步加深，根据使用范围和场景不同大致可以分为室内和室外两类。其中室外定位一般指卫星定位技术，室内定位则包含了红外、WiFi、蓝牙、UWB 定位等。

2.9.1　卫星定位

卫星定位作为主流的室外定位技术，一直是定位领域的热门研究方向，目前主流的卫星定位系统共有 4 种，分别是：美国 GPS（Global Positioning System）卫星导航系统、欧洲"伽利略"卫星导航系统、俄罗斯 GLONASS 卫星导航系统和中国"北斗"卫星导航系统。其中在我国运用较广的是 GPS 和北斗系统。

美国 GPS 卫星导航系统在以上四种主流卫星定位系统中起步最早，目前发展较为成熟，定位精确度较高，是现今最主流的卫星定位系统。GPS 卫星导航系统极大地提高了人们日常生活的信息化水平，同时有力地推动了社会高科技的发展。GPS 系统的出现对于导航界是历史性的变革，为人类的活动带来了全新的便利体验。GPS 系统是由三个部分组成，也称为三段：空间段、控制段和用户段。空间段即卫星星座，用户根据该星座进行定位测量。星座的基本配置是由 24 颗卫星构成，分别位于 6 个轨道平面内。目前在轨运行卫星有 27 颗，优化的星座每个轨道面有高达 7 个卫星位置在轨道面上不均匀分布。GPS 系统对于用户来说是无源系统，系统只发射信号，而用户只接收信号。控制段即地面控制/监测网络，责任是维护卫星和维持其正常功能，包括将卫星保持在正确的轨道位置，监测卫星子系统的健康状况，更新每颗卫星的时钟、星历和历书等。控制段由 3 个不同的物理部分组成：主控站、监测站和地面天线。用户段即用户接收设备，通常称为 GPS 接收机，包括天线、接收机、处理器、输入输出装置以及电源，用于处理从卫星发射的信号进而确定用户的位置、速度和时间。

北斗卫星定位系统（BDS）是中国自主研制的一款全球卫星定位导航系统，该系统的结构同样主要由空间段、地面段、用户段三部分组成（图 2-13）。其中空间段由 35 颗北斗卫星组成，包括 5 颗静止轨道卫星和 30 颗非静止轨道卫星，主要功能是接收地面段注入站发送的信息，计算生成北斗卫星信号，然后将该信号连续不断地发送到地面。地面段包括主控站、注入站和监测站三部分。其中，主控站是负责管理系统的运行，负责从监测站接收地面环境参数，经过计算生成北斗卫星的导航报文，而后发送给注入

图 2-13 北斗导航系统工作示意图

站；注入站用于将信息发送给卫星；监测站负责跟踪、监测和接收北斗卫星的信号，然后转发到主控站。用户段主要是指北斗接收终端，其作用是接收和处理北斗卫星的信号，最终得到用户当前位置的经纬度、高度、速度、时间等信息。

北斗主要的应用有三点：

（1）快速进行定位。对于北斗导航定位系统而言，它主要的功能之一就是能够快速并且准确进行定位。与其他普通的导航定位系统相比较，北斗导航定位系统不仅仅能够为服务区域的用户提供全天候的服务，而且它的定位精度非常高，最主要的是，北斗导航定位系统能够快速实时进行定位服务，为服务区域内的用户提供了极大的方便，这也是北斗导航定位系统能够得到广泛应用的主要原因之一。

（2）短报文通信。进行短报文通信是北斗导航定位系统在实际中的另一个主要的应用，北斗导航定位系统的应用为用户节省了大量的时间，大大的方便了人们的日常生活。在将北斗导航定位系统应用到实际的过程中，所有的用户终端都具有一个特定的双向报文通信功能，而这一功能能够使得所有用户一次传送几十个汉字的短报文信息，大大的减少了信息传送所消耗的时间。

（3）系统通信。随着科技的快速进步，北斗导航定位系统的功能越来越齐全，同时，它的应用也越来越广泛，它不仅仅能够快速的实现定位，而且还能够满足系统通信的需要，最终满足所有用户的需求。例如，对于北斗导航定位系统而言，它可以在短时间之内实现对于车辆位置以及状态信息数据的实时定位。另外，借助于北斗导航定位系统能够实现车辆与调控中心之间的信息交流，进而大大的减轻了调控中心工作人员的工作负担。

2020 年，北斗三号全球卫星导航系统正式开通，标志着我国航天事业迈出重要步伐，彰显了我国一流的科研实力，展现了令人惊叹的技术成就。

2.9.2 激光定位

激光定位技术是一种新型激光技术，也是目前国际上重点研究的技术之一。激光定位技术对于精密加工、电子产品生产、半导体集成器件制造等来讲，是一项基础支撑技术，与此同时它涉及到了光学探测、数值分析、控制算法、机械制造等，也是一门综合性技术。激光定位的基本原理是解算出目标点的具体位置信息，通过控制算法调制激光至目标点，达到非接触式定位的目的。激光定位系统主要由控制单元和信号处理单元组成，它是通过信号处理单元将目标位置数据信息换算为光斑控制模拟信号，系统控制单元接

图 2-14　使用激光定位的避障机器人

收光斑控制模拟信号并控制激光光斑光线偏转，准确对准目标位置从而达到定位目的（图2-14）。

随着科技的发展，激光定位技术在激光制导、自由空间光通信以及精密加工等技术领域有着广泛的运用。激光制导技术在军事中有较广的应用，使用激光光斑探测器接收目标反射回来的激光，进行解调处理求得光斑质心位置，驱动导弹改变运动方向，最终，精确打击目标点。美国在近年来很多战争中都使用了精确制导武器，其中"宝石路"系列激光制导炸弹是在 MK80 系列标准炸弹上添加了激光制导系统，命中率极高，且适合中、高空投放。我国在激光制导方面研制起步于 20 世纪 70 年代，如今研制出配有 GPS/INS + 激光复合制导的导弹。

自由空间光通信是以激光作为信息载体，以空间信道进行传输的通信方式，一般由收发系统、调制解调系统以及跟踪定位系统三部分组成。如 2013 年，美国 LADES 搭载的激光终端与地面进行了长达 40 公里的通信实验，是目前最长距离的空间光通信实验。在精密加工领域，精密定位技术产品已广泛出现在视野内，如利用光栅检测技术研制出针对光栅位置的检测仪器，基于高精度定位技术反馈光栅位置信号精密的机床用品等。国内目前激光精密定位技术的研究还处于起步期，与一些国家精确定位相比，还有一定的差距。伴随着生产自动化的发展，工业生产加工中对激光定位的精度也有了更高要求。由于国内的精密定位技术的起步比较晚，许多要求特精准的设备和技术还需要从国外引入。很多研究还停留在放大镜观测或者手动定位的方式，成为阻挡科技发展的屏障。

2.9.3　红外光学捕捉

红外光学系统主要是以探测目标反射、辐射的红外谱段能量为目的的被动光电系统，其主要作用是：对目标所辐射的红外能量进行收集与接收、确定目标方位、实现对目标的捕获与成像（图 2-15）。与可见光和紫外线一样，红外线也属于电磁波，只是处于不同的谱段。与其他光学系统相比，红外光学系统对于光能的接收及成像等在相关概念上本质是相同的。可见光系统设计的概念及其方法，对于红外光学系统来讲也是适用的。但是，一般对于在红

图 2-15　动作捕捉技术

外区域工作的光学系统，其接收元件大多数是探测器，同时要根据应用对象才能够对其性能进行确定，因此，与一般的光学系统相比，红外光学系统本身具有的特点还是存在一定的区别。

对于一个光学系统来讲，能否选择出最好最恰当的结构形式是设计过程中的一个关键，尤其是在红外光学系统中。红外光学系统工作波段宽，材料比较少而且其温度系数都很大，很容易受到外界因素的干扰，从而影响材料的性能，同时也给光学系统的设计工作

带来了一定难度。一般情况下，红外光学系统的结构可以分为：反射式、折射式、折反射式以及折衍射式四种，后两种结构需采用具有良好红外光学性能的材料，这里不作介绍。

（1）全反射式光学系统。反射式系统不存在材料方面的问题，可以使用普通的光学材料或其他材料，并在该材料表面镀一层折射率较低的薄膜即可，而且能够做到很大尺寸，不但不存在色差，而且对温度也没有很大的反应。因此，在具有强辐射的环境的耐受力、气压的变化效应、温度的效应以及消杂光等表现出色。凭借这些优点，出现了大批的反射系统，质量、性能都比较好。目前，随着计算机辅助技术的大力发展和广泛使用，反射式光学系统和照明等拥有更加广阔的应用前景。通常所使用的反射式系统有两种形式，包括：卡式系统和格式系统，它们均由两片反射镜组成，卡式系统具有凸镜的次反射镜，格式系统具有凹镜的次反射镜。

（2）折反射式系统。由于反射系统的视场角较小，因此采用反射镜加折射镜的形式来校正系统的像差，使系统的视场扩大，称之为折反射式光学系统。作为典型的折反射式红外光学系统的卡塞格林系统是非常通用的。由于在折反射式的光学系统当中，其主镜与次镜都承担了光焦度的一大部分，不但为消热差提供了便利，更使得系统总长也得以缩短，与此同时也减小了镜头的总体重量，系统长度在需要的时候可以做到比焦距还小。

无论何种光学系统，都有核心参数，通常，设计红外光学系统时，焦距、视场、相对孔径、分辨率以及透射率都是其主要设计参数。而对于这些参数，其之间的优化存在着相互制约的关系。因此，红外光学捕捉系统的最终结构必须要符合系统总体性能的技术要求，尤其是要实现这些因素，例如相对孔径和透过率、空间频率和温度分辨率等之间明显相互制约的要求。

红外光学捕捉系统一般具有一定的辐射特性，因此与普通光学系统（特别是目视和照相系统）相比，有不同的特点：

（1）一般在 $1\mu m$ 以上的不可见光区域我们称为红外区域。对于 $2.5\mu m$ 以上的光波来讲，普通的光学玻璃是不透明的，对于红外而言，它的光学材料则不在少数，但是只有极少数材料的机械性能能够达到要求，这就使在红外光学系统的设计当中可以采用光学材料的品种在很大程度上受到了严重制约，同时也给像差校正尤其是色差校正带来了困难。

（2）对于红外光学捕捉系统而言，其接收元件与可见光不同，是各式的光电器件。因此，红外光学捕捉系统的性能和成像质量的主要评定依据不是以光学系统的分辨率为主，而是系统和探测器匹配的灵敏度、信噪比等因素。

（3）相对孔径小。通常，由于红外光学捕捉系统对较远的物体进行成像，具有很大的作用距离，能量也很微弱，所以系统要有大的接收孔径，而且通常扩大系统的相对孔径来提高系统的探测识别能力。但是这又会使光学系统的加工工艺和校正像差的难度有所增大。一般情况下，红外探测器具有较小的接收面积，因此其具有较小的视场，可以花费较少的时间来校正轴外像差。与此同时，红外光学捕捉系统对成像质量的要求不是很高，但必须要达到很高的灵敏度，以便能够获得所需要的信噪比。因此，目前所采用的红外系统的相对孔径都比较小。

（4）红外光学捕捉系统的接收器不同于一般的光学仪器，它不像望远镜、显微镜这一类目视仪器，以人的眼睛作为接收元件，也不像照相机，以感光底片作为接收器，而是用红外探测器作为接收器。在装有调制器的红外光学捕捉系统中，目标的辐射能在被红外探测器接收之前，先通过光学调制器进行调制，将直流光信号转换为交变光信号，然后由探测器对其进行接收并输出一个相应的交变电信号。探测器的大小与光学系统的瞬时视场也有一定的关系。对于视场，一般使用平面视场进行表示，也有可能采用立体角对其进行描述。红外光学捕捉系统具有很小的瞬时视场，一般其大小有零点几个或几个毫弧度。

（5）红外光学捕捉系统的工作温度对系统性能的影响很大，这是红外光学捕捉系统最重要的特性。红外系统的光学材料折射率、光学元件厚度以及表面曲率半径都会受到温度变化很大的影响。其中，可见光玻璃折射率的温度变化系数比红外光学材料要约小两个数量级，这都能够破坏光学系统良好的成像质量，必须采取适当的补偿措施降低温度变化对系统性能的影响。

2.9.4　惯性捕捉

目前，应用最为广泛的运动捕捉技术主要有三种，分别是电磁式、光学式和惯性式，其中，惯性捕捉系统提出最晚，但因其体积小、功耗低和场地限制少等优势，成为目前重要的研究方向之一。相比于传统的捕捉设备，惯性式设备轻便简洁，穿戴方便，减小了对实验人员的心理干扰，其表现更为自然真实，得到的数据更为准确可靠。因为惯性式设备为自主测量，不需要参考其他坐标，具有更为自由的活动空间，同时不存在光学式设备相互遮挡的问题，使得记录实验人员日常的活动成为可能。而且，惯性式捕捉设备可以实时测量人体各个关节的运动状态，使得实验人员能够直接记录他们需要的动作数据，不需要后期处理，便可以得到期望的载体姿态数据，提高工作人员的制作效率，使运动捕捉变得更为简单直接。

惯性运动捕捉设备的一般性结构。一般情况下，对于单人的惯性运动捕捉，其通用结构如图 2-16 所示。

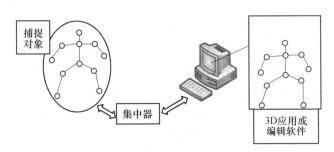

图 2-16　惯性运动捕捉设备结构

如图 2-16 所示，在捕捉对象的重要关节，如四肢、躯干、头部等安装多个惯性运动传感器。每个传感器可以采集加速度数据、磁场强度数据、角速度数据等惯性传感数据。通常情况下，捕捉一个人体的大致运动至少需要 10 个这样的传感器，而为了得到更细致的运动数据也可以布置更多的传感器。集中器（base station）是传感节点把数据传给计算机的中间桥梁，它可以通过有线或者无线方式与传感器建立通信连接。有线通信连接的优点是能够有比较高的数据率，而且可以直接通过传输线对传感节点供电，这样就不需要每个传感节点都配备电池。但缺点是会增加对捕捉对象的束缚，而且穿戴麻烦。如果使用无线通信连接，那么对用户而言，无疑少了很多束缚，穿戴也更方便。但这样要求每个传感节点都配备电池，那么功耗又成为系统设计需要重点考虑的问题，同时电池的充放电也成为需要考虑的问题。而且相比有线连接，传输的数据率低和可靠性低，需要系统做更多的工作去克服这些问题。除了上述问题以外，当系统需要同时捕捉多个运动对象，即扩展系统容量时，又会遇到新的问题。如果传感节点与集中器之间是有线连接，而集中器与计算机之间是无线连接时，系统扩展的问题主要集中在集中器与计算机之间的通信，例如通信带宽是否足够，多个集中器之间如何相互协调等。如果传感器与集中器之间也是无线连接，那么系统扩展时最大的问题则在于如何组织和同步无线网络，在无线通信的信道、带宽有限的情况下保证足够高的数据更新率。

惯性动作捕捉的基本原理可以分为"捕捉"到"动作"两部分。要获知一个物体的运动状态需要知道它运动的方向、速度、距离等，而获取这些信息就需要利用到传感器元件。具体可分为加速度传感器，陀螺仪以及磁力计，将以上三者合在一起，形成"九轴传感器"。在较为早期的动作捕捉系统中的集成芯片中只集成了加速度计和陀螺仪，且限于硬件的设计，大部分的六轴传感器在进行数据的输出时都会产生一个累计误差，需要开发者手动修正数据。其中比较有名的是微机电系统 MEMS 惯性运动捕捉系统，它利用捷联式惯性导航原理，在人体关节位置固定惯性传感器，利用传感器数据获得各个关节的空间姿态，其核心器件是惯性陀螺仪，通常还配合加速度传感器和磁力计。由于 MEMS 技术的发展，MEMS 传感器件体积小且重量轻，佩戴在人体不会对人体自然动作产生影响，且传感器数据传输可采用无线的方式，给操作者更多的运动自由性。荷兰的 Xsens 公司及美国 In-nalabs 公司是国际上著名的惯性式系统供应商。在国内，中科院、浙江大学等科研院校在惯性运动捕捉系统研究上也获得了丰富的成果。

2.10　图形识别技术

2.10.1　图像识别简述

图像识别属于模式识别的范畴，其主要内容是图像经过某些预处理（如变换、增强、压缩或者复原）后，进行图像分割及特征提取，进而对特征向量进行分类与判断。从图像处理的角度来看，图像识别又属于图像分析的范畴，它得到的结果是一幅由明确意义的数值或符号构成的图形文件或图像，而不再是一幅具有随机分布特性的图像。图像识别技术是图像处理中较为困难的技术，是一门集数学、物理、电子、计算机软硬件及相关应用学科（如医学、航空航天、工业等）多学科多门类的综合科学技术。因其具有较高的计算机特有的优势以及人工智能成分，可以准确、快速地捕获目标对象，进行自动分析与处理，并最终得到有用的图像信息，因此具有非常高的实用价值。

计算机图像识别处理与人类对图像的感知识别是类似的，然而计算机识别能力更强，能处理的信息量更大。可以用来进行条形码识别、人脸面部识别、指纹识别、身份认证、模型匹配等，一定程度上保障了人们日常生活的安全性。简单又广泛的图像识别应用于智能手机方面，指纹识别、面部识别简化了人们解锁屏幕之前的繁琐操作，大大缩短了解锁时间，提升了使用效率。现在的高端识别技术已经可以实现对象物体的位置、角度和距离等无论发生怎样的改变，计算机都能识别其本质的特点，对图像的最终判断不会产生影响。例如苹果公司新推出的 iPhone X 手机的面部识别功能，无论是在黑夜，还是用户戴眼镜、脸上有疤痕等面部有些变化，其都能识别出并进行解锁。各类企事业单位使用的刷脸打卡机器同样也使用到了此项技术，如图 2-17 所示。

(a)　　　　　　　　　　　　　　　　　(b)

图 2-17　面部识别技术

(a) 苹果手机面部识别；(b) 刷脸打卡机器

　　图像本身可能会带有大量的数据信息，在识别过程中还需要对图像的信息进行比对分析，这就需要对大量的数据进行处理，信息量很庞大。图像的最小单位是像素，一幅图像是由众多的像素组成，并且各像素之间有着紧密的关系。像素对应图像的信息，在一定程度上反映出图像的内容。像素与像素间、像素与图像间的关联性是很强的，在识别过程中有着重要的作用。对图像进行识别，首先要将图像信息转变为二维数组，即计算机可识别的数字信号，这样任意精度间的转换就需要高精度的数字化智能处理技术。智能化的计算机图像识别提升了图像信息的精准度，识别结果更加接近于真实性，使得图像受环境噪声的影响较小，提升了抗干扰性。随着科技的进步，图像识别技术也更加灵活，在图像的转换处理上方便快捷，识别率也精确很多。图像识别处理大都为了满足人们的生产生活需求，人为地进行控制分析处理，有时会加入个人喜好情感等因素，依个人要求改变最后的识别结果。

　　图像识别的历史经历了文字的识别，主要包括数字、字母、汉字识别等，如网络中常见的验证码识别。然后经历的数字图像处理与识别，是以数字图像为研究对象，因为数字图像具有易于存储、压缩、传输等优点。最后是物体的识别，这是计算机更高层的视觉研究，识别对象是现实世界的目标与环境。这三个过程从简单到复杂，对计算机软件、硬件的要求也逐步提高。图像识别的主要任务就是分类，如将阿拉伯数字分为 0、1、2、…、9 等 10 类，这是比较简单的分类。复杂分类的一般过程则是对图像去掉物理内容，找到相似的特征，因为图像的主要内容在计算机视觉识别系统中是用特征来表达的，所以图像识别主要根据图像的特征进行分类，按照同一相似特征将图像分为一类，另一相似特征分为另一类。传统图像识别流程通常分为 4 个步骤，如图 2-18 所示。

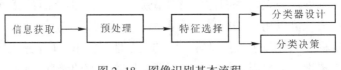

图 2-18　图像识别基本流程

　　图像信息获取，即对图像数据集的收集与整理；图像预处理，即对其格式进行处理并按照要求进行归一化；特征提取或选择是对图像的特征进行描述与抽取，抽取出来的特征用来描述图像的主要信息；图像识别则是在训练好的分类器中根据图像的特征进行匹配并识别目标。

特征提取是图像识别过程中最关键的一个步骤，欲获得理想的特征，需由具有丰富经验的研究学者人工设计。图像的特征是图像识别、机器视觉（MV）的基础，特征对一个模型的作用至关重要。对于某个特定的图像特征，通常有多种不同的表达方法。由于人类存在主观认识上的差别，对于某个特征，并不存在一个最佳的表达方法。事实上，图像特征的不同表达方式从不同的角度刻画了该特征的某些属性。特征从表示的粒度上可以分为浅层特征（初级特征）和结构性特征（高级特征）。1995 年，David Field 和 Bruno Olshausen 研究发现，浅层特征是由低层的像素特征组成的一些边缘特征，而结构性特征是由边缘特征组成的更结构化、抽象化、复杂化的特征。低层的特征可以向高层的特征传递，层层递进，可得到更高层的特征表示。图像的特征提取包含两个层次：第一层是对底层的特征进行抽取；第二层是对图像的高层特征进行抽取。常用的底层特征分为形状特征、颜色特征以及纹理特征等，这些特征健壮性强，计算复杂度低，对这些基本特征的抽取是图像处理的基础。高层的特征有基于语义的特征，语义特征更抽象，需要根据底层的特征抽取并学习得到，计算机根据这些特征可以进行更智能的分析，如人的行为分析、无人驾驶、人脸分析等。通过映射或变换将高维特征用低维特征来描述就是特征提取过程。

2.10.2 图像识别方法

图像识别是人工智能（AI）中的一个重点研究领域，图像识别的常用方法可分为：模板匹配法、贝叶斯分类法、集成学习方法、核函数方法、人工神经网络方法等。

（1）模板匹配法。该方法是图像处理中的常用方法，其通过采用已知的模式到另一幅目标图像中寻找相应模式的处理方法，具体过程为将目标图像与模板进行匹配比较，在大图像中根据相应的模式寻找与模板具有相似的方向和尺寸的对象，然后确定对象的位置。模板匹配法的缺点是需要研究者具有一定的经验知识，设计合适的模板且模板与目标图像的匹配取决于目标图像的各个单元与模板各个单元的匹配情况。

（2）贝叶斯分类法。此法是一类基于概率统计，以贝叶斯定理为基础进行分类的方法，属于统计学的一类。贝叶斯分类法步骤为使用概率形式表示分类问题且相关的概率已知，根据贝叶斯定理，提取图像的代表性特征，计算之后验概率进行图像分类。

（3）集成学习方法。该方法把相同算法或者不同的算法按照某种规则融合在一起，将不同的分类器联合在一起学习，相比单独采用一种算法能够取得更高的识别准确率。常见的集成学习方法主要包括 Bagging 及 Boosting 算法。

（4）核函数方法。其主要用于解决非线性问题，目的是找出并学习数据中的相互关系。其过程如下：第一步，采用非线性函数把数据映射到高维的特征空间；第二步，采用常用的线性学习器在高维空间中利用超平面划分和处理问题。核方法的优势主要有两点：第一，该方法可以避免维数灭难，有更好的抗过拟合、泛化能力；第二，在通过非线性变换时，不需要选择具体的非线性映射关系。常见的核函数方法有支持向量机（SVM）和正态随机过程，在图像处理和机器学习（ML）等领域中该方法的使用越来越广泛。

（5）人工神经网络法。该方法起源于对生物神经系统的研究，可视为智能化处理问题。在对图像处理问题的研究中，该方法可分为基于图像特征和基于图像像素两类。其发展潜力巨大，常用的有模糊神经网络、BP 神经网络等，如今深度神经网络的广泛应用为图像识别准确率的提高也提供了更加广阔的解决办法。

2.10.3　主要研究方向

2.10.3.1　基于特征码的识别

特征码是一串特殊字符，在不同业务范围内包含的内容不一样，但都是用来判断某段数据是否属于指定的计算机字段，以便进行分类、检测等。最初的特征码提取较为简单，指定一段代码，使用该代码去匹配各类数据，如网页去重如果发现两个网页拥有同样的 url 字段则消除其中一个。现阶段特征码一般是分段的，中间可以包含任意的内容，增加了比较的难度。针对图像而言，特征码可以是形状信息、色彩信息、纹理信息等，使用特定的算法可以得到每个图像特有的一串代码。常用的图片特征码提取算法包括了低层视觉特征与高级语义特征。提取低层视觉特征可以采用灰度共生矩阵法、直方图法、空间矩特征等，高级语义特征的特征码则可采用语义网络、数理逻辑和框架等方法。基于特征码的图像识别虽然简单，但是效果欠佳，当图片过于复杂或数据量很大时实施难度较大。

2.10.3.2　数字图像识别

随着计算机科学技术不断发展与进步，计算机技术广泛应用于各个行业领域，为社会发展发挥着巨大作用。其中，数字图像处理技术作为计算机科学技术领域中的一门新兴的应用技术，它通过计算机将图像信号转化为数字信号，然后在计算机上对其进行一系列处理（图 2-19）。主要处理方式包括图像的几何变换、压缩、增强、复原、分割以及图像识别等。相比较其他技术的优势在于它的还原性很强、图像处理的精度要求极高，同时市场上开发了多款图像处理软件，便于广大用户普遍操作。近几年来，随着数字图像处理技术的快速发展以及相关软件的不断更新，使得该技术的应用范围变得更加具有广泛性。主要涉及生物医学、军事、交通、航天航空以及工业等领域。

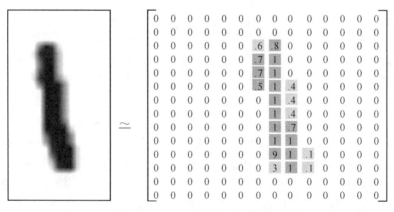

图 2-19　mnist 数据集中的数字

数字图像进行识别时往往首先需要进行预处理，如边缘提取、图像分割、几何变换与颜色校正等，使图片变得更加易于提取其形状、纹理或颜色特征，最后结合恰当的分类器对图像进行分类，经典的分类器包括最邻近、Adaboost 分类和 SVM 算法。同时，随着机器学习、计算机视觉等技术的大量兴起，基于神经网络的应用也越来越多，人工神经网络是人类仿照生物神经网络的工作方式设计的计算模型，用于对函数进行估计或者近似。

2.10.3.3　三维物体识别

利用三维点云数据，对三维物体进行识别，可以获取二维图像丢失的大量信息空间信息。相比于二维图像，三维点云数据有其独特的优势：（1）三维点云真实地记录了目标物体的空间三维几何信息；（2）三维点云中提取的物体特征不受尺度、光照、旋转等因素的影响；（3）三维点云数据能够更加有效地估算目标物体的姿态以及空间坐标。基于这些优势，三维点云的物体识别技术能够更加有效地完成场景感知、辨识以及认知等任务，特别是在室内机器人的应用中，需要有效地感知场景，识别出场景中的人、目标物体以及各种障碍物，并且能够估算出场景中目标物体的位姿、坐标（图 2-20）。

图 2-20　三维点云数据

目前三维点云的物体识别方法大多数是通过描述目标物体的几何属性、结构属性以及形状属性等完成对物体特征的表达，进一步完成物体识别任务。已有的物体识别方法，根据描述的物体特征的种类不同，从尺度上可分为两种，分别是基于局部特征和基于全局特征的物体识别方法。基于局部特征的物体识别方法主要是通过物体表面的关键点的局部几何特征描述物体的特征信息来完成目标物体的识别。该识别方法需要提取目标物体的关键点作为特征描述的基础，对噪声和遮挡具有较强的健壮性，适用于复杂的背景环境，但是随着待识别目标物体的增加，其计算耗时较多，实时性较差。基于全局特征的物体识别方法依赖于对场景点云的有效分割，通过描述物体表面整体的几何特征完成对三维物体的识别。其计算复杂度较低，适用于实时应用中，但是对遮挡和噪声比较敏感。

2.10.3.4　动作识别

人体动作识别的方法有很多种，如机械式运动捕获、声学式运动捕获、电磁式运动捕获、基于图像或视频的动作捕获、基于惯性传感器参数动作捕获以及近几年兴起的基于无线信号的动作捕获等。其中，基于视频或图像的人体动作识别技术进行识别（捕获）和基于惯性传感器（参数）的人体动作识别（捕获）技术是目前主流的两个人体动作识别技术，其技术比较成熟且诞生了一些商业化的产品，如微软的 Kinect 以及诺亦腾公司的动作捕获系统已经投入大规模生产（图 2-21）。

图 2-21　动作识别场景

其中基于视频或图像的人体动作识别技术是最传统的人体动作识别方式，根据监测数据的不同来源，它主要分为利用摄像机拍摄设置在人体上的标志点从而获取人体动作的方式和完全依赖于视频分析处理识别动作的方式。根据动作表示的方法，进一步将该类技术大致分为静态特征、基于运动信息、时空特征、基于感性兴趣点的动作表示等四大类。基于图像或视频的人体动作识别方式的优点是比较直观，很多二维图像处理方法可以直接利用。同样缺点也是十分明显的，它在很大程度上依赖于稳定的图像分割，对颜色、光照、对比度敏感，不易处理遮挡问题，且很难处理背景变化的场合，一般还需要复杂的动作模型。

2.10.4　应用领域

随着高端先进的科学技术已渐渐深入到人们的生活中，图像识别技术应用范围领域也日益广泛，如交通领域、建筑工程领域、医学领域、文学艺术领域、农业领域等，并还在被不断推广，具有较高的应用价值与作用，灵活便捷智能的特点使其应用普遍，未来在各行业进行普及发展的趋势明显。

（1）交通领域。随着城市经济的发展，城市交通逐步趋于智能化，智能交通的概念已被提出，道路规划更加科学化，有利于道路建设扩大化，无人车研究速度加快，适应未来人类生活需求（图 2-22）。为保证人们安全高效驾车出行，计算机图像识别技术在交通设施领域方面就起到了重要作用，它加快了城市路况信息和车辆信息的更新，便于进行实时检测，协助导航人员准确到达目的地。因此图像识别技术会为驾驶员提供实时可靠准确的

图 2-22　无人配送车和无人驾驶车

路况信息，为驾驶员指引方向，保障道路、车辆以及驾驶员的安全。除了对道路检测外图像识别还可用于车辆和车道检测，通过车辆分割技术对车辆进行跟踪与识别，检测车速与车流量，判断车辆是否有超速违规等现象，提升交通事故的处理效率，有效保障道路的可通行性。

（2）医学领域。以往完全凭借人工诊断的医学手段不仅需要消耗大量的人力资源，由于人员素质与技术水平高低不同造成诊断效率低下的问题相对较为突出，将图像识别技术引入到医学诊断中，大大提升了医学诊断的效率，对患者带来了诸多方便（图 2-23）。在医疗器械设备融入了计算机图像识别技术，设备更加智能化，诊断结果更加可信。通过计算机图像识别技术与医生实际医学技术相结合，可进一步提升治疗针对性，准确而高效。例如应用于微创手术的手机导航技术、CT 技术、核磁共振以及 B 超、彩超等，医生与患者可以通过图像清晰直观地看到病情状况，以此提出有针对性的治疗方案，提高医学技术。

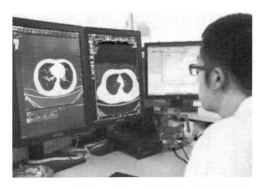

图 2-23　图像识别在医疗早期诊断中的应用

（3）安防领域。基于图像的人体入侵自动识别，对于生活小区的安全监控具有较大的应用价值，该方面融合了多学科的先进技术，克服了传统智能安防的弱点，它解放了劳动力，使高效、便捷、可靠的智能安防成为了可能，给人们的生活带来了安全保障。同时，用于安防监控系统的人体入侵图像识别算法研究已经成为计算机视觉领域的研究热点，具有很高的学术价值和研究意义。在安防中，完全依靠安防人员人工工作的安防系统已经逐渐显得捉襟见肘，在实际应用时，安防人员的工作量大，难免会存在安防漏洞，其便捷性也不够理想。为了进一步增强安防系统的安全性，减轻安防工作者的工作负担，同时消除安防系统对被保护者带来的不便，更加智能化的安防系统也更加符合现代需求（图 2-24）。通过与物联网技术相结合，实现智能化小区安防成为其主要的应用舞台之一，将无线传感网、图像识别、射频识别、定位等主流技术整合到现有的视频监控系统，可以全方位地提升小区的安防自动化程度，提高效率，节省人力。

（4）军事领域。图像识别的一个重要使用包括了图像或视频跟踪，最近几十年中在军事领域逐渐发展起来的跟踪技术就有着非常重要的地位。随着精确制导武器的发展，跟踪能力越来越得到各国军事专家的重视，跟踪精度的提高已经变得十分迫切，由于制导武器的跟踪系统是决定其跟踪能力的重要组成部分，而目标跟踪系统跟踪精度的检测已经成为提高制导武器跟踪性能的重要手段。军用无人机、无人潜艇、无人车的大量智能化武器成

图 2-24　公安安防系统

为诸多军事强国竞相争夺的新领域，将图像识别与语音、自然语言处理等融合，构建出现代智能化战争新技术，不仅可以替换军事人员，降低牺牲，而且对于提升战场胜率，获取战争主动权至关重要（图 2-25）。

图 2-25　无人智能武器

（5）农业林业领域。智能化农业引入计算机图像识别技术，可以实时观测到植物的生长状况，辅助植物叶片的病虫害研究，对植物进行实时全景监控，还可以进行农产品的质检。对研究植物表型、影响植物生长因素以及研发植物新品种有科学指导意义（图 2-26）。

图 2-26　智能农业机器

（6）文艺领域。图像识别技术在文艺领域主要应用于对图像、声音方面的识别处理，呈现出艺术性。通过智能化识别系统自动将无用信息过滤掉，保证信息的有效性，匹配性。还可以依据美学原理对图像进行色彩调整，增强其艺术感，从而为人们呈现出更加美好的画面，如日常 3D 电影、3D 电视等所呈现出的震撼场景（图 2-27）。

图 2-27　虚拟结合的演出场景

图像识别在诸多领域都呈现出快速发展的趋势，使其成为未来社会智能建设的重要支撑技术。

扫一扫
看本章插图

第3章 增强现实的应用

增强现实虽然发展的时间不算太长，总体还处于初级阶段，但是其在虚实结合的优势已经让它广泛应用于各行各业，在汽车制造领域中，利用增强现实开发了 VPW 体系，这极大的提高了汽车装配、检测的效率，推动了汽车制造领域的发展；在旅游行业中，有些景点已经让游客佩戴基于增强现实开发的设备，使得游客不仅可以看到真实的文化古迹，还可以看到虚拟的音视频解说和虚拟的三维重构古迹等虚拟信息，以增强游客的游玩体验和代入感；在游戏行业中，基于增强现实的游戏《Pokémon GO》横空出世，该游戏独特的虚实结合玩法很快便让其席卷全球，全世界都在捕捉宠物小精灵，这款游戏的成功也极大地刺激游戏产业向增强现实进军。

3.1 AR 在教育中的应用

传统产品导向教学中，由于实体产品的定制化制造过程既耗时，成本又高，因此教师往往通过简化任务目标，或延长课程时间来进行弥补。通过引入增强现实技术，则可以用更为真实呈现方式，为教师和学生开发产品原型提供更快捷的方式，甚至比实物产品更利于进行查看和修改。

产品开发涉及对空间形体更为复杂的操作，因此常配备专用输入设备，如空间 3D 操作笔、数据手套、空间 3D 手柄等。此外，一些虚拟现实系统，可以提供动作捕捉功能，让使用者可以直接通过肢体动作，对虚拟世界中的元素进行操作。有些则利用声音识别进行操作指令的输入。针对某一专门行业或领域设计的增强现实交互，可以通过更加丰富的现实设施，加强交互的真实性。例如，面向汽车设计的增强现实开发平台，能够借助成品车辆，通过叠加方式进行定制化改造，将虚实结合的增强现实界面呈现给使用者，以形成更接近实物原型产品的效果，帮助设计师准确把握设计方案。

利用虚拟现实或增强现实进行产品设计过程的支撑工具，不仅可以为创新团队提供更加快速的原型制作体验，并且结合全球网络中的现有资源进行开发，还对学生形成协同化产品开发的理念起到帮助。

3.2 AR 在制造业中的应用

增强现实可以应用在产品的各个环节。从初期的产品设计，到生产场地的布置规划，增强现实加入都可以让工作变得直观、简单、有效。

3.2.1 AR 辅助产品设计

在现有技术阶段，设计人员通过穿戴式显示器，实现文本、图片、三维模型、视频信息的数据库获取。设计师使用 CATIA、SolidWorks 等三维软件进行新产品开发，现有设计手段为三维实体造型，AR 技术的出现使设计师可以在模拟环境下 1∶1 呈现产品的三维全貌或组部件。产品设计末尾阶段，设计人员基于 AR 模型进行产品设计效果评估，可对建模过程中的错误进行纠正、不足之处进行细节完善。设计人员还可以对虚拟模型进行手动调整与观察，以实现所需操作，获取预想信息。设计人员可对导出模型进行力学、结构分析，分析方法采用 CAITA 软件中的 FEM 模块，虚拟 3D 模型在 AR 系统中实现动态仿真呈现，对传统的二维液晶屏幕显示而言是一种颠覆性技术。

3.2.2 工艺流程的仿真场景模拟

理想情况下的 AR 技术可以完成虚拟 3D 信息的真实环境一致性嵌入。在真实的制造环境中渗透一定比例的虚拟信息，如固定设施、工件、刀具等，对真实环境进行增强。在 AR 系统的帮助下，将不再需要加工工具建模及加工能力仿真推测评估环节。真实加工环境的全貌和加工工具生产模拟全过程在 AR 系统得到呈现，避免了工器具测试过程对机器和工具造成的损伤。

以 AR 和 CNC 技术的结合为例。在模拟加工过程中，第一步选定虚拟固定设施和工件，第二步根据真实场景中的真实刀具上的标识物的姿态对工件进行模拟，第三步执行模拟数控加工程序，对真实刀具加工虚拟工件进行全程模拟，仿真加工信息通过视频透视式显示器实时呈现。加工过程中刀具和夹具之间的冲突情况通过虚拟固定设施辅助判断。

3.2.3 工厂整体布置规划

一个实际产品的制造完成需要多个工序，不同工序需要不同的制造硬件来实现，在不同生产阶段这些硬件需要进行替换或升级，这需要足够的空间和基础设施来存放替换生产的硬件设备，实际生产过程会造成很大的浪费。AR 技术在智能工厂布置规划中的应用很好地解决了这一难题，数字化工厂中的机器人、支架等设备通过 3D 模型展示布置在厂房架构中，各设备间的冲突情况可以直观检查，非常规设备安装时间缩短、难度降低。AR 技术的应用，使得绝大部分工厂架构和设备安装问题在施工开始前得到解决。

3.3 AR 在军事中的应用

增强现实技术在战场上的各个领域、各个环节均能发挥重要作用，具有广阔的应用前景。

3.3.1 战场作战指挥应用

将增强现实技术应用于联合作战指挥系统中，可以允许各级作战指挥机构和指挥员同时观看、讨论战场以及与虚拟场景交互，实现整个战场信息的高度共享，这将更有利于各级指挥员快速、正确理解上级作战意图。通过增强的作战指挥系统，作战指挥机构和指挥员能实时掌握战场态势和各个作战单元的情况，从而及时做出正确的作战决策。

3.3.2 战场工程设施设计

增强现实技术运用于战场工程设施设计施工，主要体现在几个方面：（1）将战场工程设施建设规划效果叠加在真实场景中，以直接获得规划的效果；（2）可实时展示和共享实物、模型、设计图纸等战场工程设施信息，利用多通道人机自然交互技术，使得异地、多人可以实时互动，沟通交流战场工程设施设计的思想与理念，改进战场工程设施的设计方案；（3）可将战场工程设施模型及各种可能的设计方案融合在一起，显示给战场工程设施的设计人员，战场工程设施的设计人员可以通过增强现实系统，全面比较各种设计方案，而且能够将修改意见直接反映到战场工程设施模型上；（4）可为用户提供先期演示，让用户和战场工程设施的设计人员同时进入虚实结合的环境中操作，检验工程设计方案及其操作的合理性；（5）将标准工作流程指南准确地显示给建设施工单位，大幅提高战场工程设施建设的效率。

3.3.3　战场环境增强显示

将增强现实技术运用于战场环境显示，主要是通过在真实环境中融合虚拟物体，不仅能向战场工程设施的设计和施工人员显示真实的场景，而且还能够通过增加虚拟物体，强调肉眼无法看见的环境信息，进而增强真实场景的显示，真正实现战场工程设施信息和建设、维护过程的可视化。在飞行员座舱的前方玻璃上或者头盔显示器上，可将矢量图形叠加到飞行员的视野中，不仅能向飞行员提供导航信息，还提供了包括敌方隐藏力量的增强战场信息。此外，可以利用增强现实技术，进行方位的识别，获得实时所在地点的地理数据等重要军事数据。

3.3.4　战场建设现场控制

将增强现实技术运用于战场建设的现场控制，主要体现在3个方面：（1）应用增强现实技术，可使战场建设管理人员实时掌握战场工程设施和施工队伍的情况，可以及时做出管理决策；（2）应用于战场网系中，可以使作战人员同时观看、讨论战场工程以及与虚拟场景交互，实现整个战场工程信息的高度共享；（3）将增强现实系统应用于多用户、多终端协同工作，可为各用户、终端建立一个共享的、可理解的虚拟空间，允许各用户、终端共享信息、实时交流互动。

3.3.5　作战人员训练演练

将增强现实技术运用于作战人员训练中，有助于创新培训方法，加大训练实战化程度。应用基于增强现实技术的训练系统，能够构建一种极为逼真的实战化训练环境，受训人员通过随身携带的增强现实系统，不仅可以看到真实的训练场景，而且可以看到场景中增加的各种实战化虚拟物体，从而实现对作战人员的沉浸式训练，进一步提升培训演练的实际效果。2014年，美军展示了"增强现实沙盘"系统，该系统可直观反映战场真实地形地貌，使作战人员能身临其境地了解作战地形，这将对未来作战演练、兵棋推演等产生重大影响。

3.3.6　战场工程运营维护

增强现实技术运用于战场工程设施的运营维护中，主要通过在实际设备中添加各类维护辅助信息，可指导维护人员按步骤实施维护维修，能够精确定位不直接可见的零部件，并将其可视化，从而确认要进行测试的零部件并进行修理或替换，这不但能够帮助维护人员迅速熟悉和掌握各种维修技术，同时也保证了整个维护维修过程的标准化和规范化，极大减少了维护人员的培训成本，降低了设备拆装、保养、维修的难度，提高了维护维修保障效率，并且有助于技术与经验的传承。

3.4　AR 在医疗中的应用

增强现实在临床医学领域上的应用主要体现在 3 个方面：临床医学教学培训、手术辅助、远程协同手术。

3.4.1　临床医学教学培训

传统的临床医学教学培训主要通过教师手把手教和学生观摩、见习，但是这存在教育资源有限的问题，教师的数量不足以满足随时随地为每一个学生提供教学指导、疑难解惑的需求。此外，传统临床医学教学培训还或多或少存在难以激发学生学习兴趣的问题。教师本应是课堂的组织者，学生是主体，但由于传统的临床医学教学材料多以书籍、图片为主，教学形式单一，且学科内容具有许多抽象的、复杂的概念和定义等特点，使得在传统教学过程中，教师往往会变相地成为了课堂的主体，学生只是被动地接收知识，缺少互动、交流，最终让课堂变得枯燥乏味，导致学生学习兴趣不高、效率较低。但增强现实的介入形成 AR 医疗教育系统有望改善这一问题。该系统（如图 3-1 所示）可以生成虚拟的三维模型，并能和现实世界相融合，让教师、学生同时看到逼真的虚拟模型，并且能够允许体验者操控虚拟模型，如进行旋转、放大等操作。AR 医疗教育系统摒弃了传统教育以鼠标、键盘和大屏、音响为输入、输出的模式，师生可以直接用手势动作（如抓取等）自然的和模型进行交互。正是由于这种自然的交互，调动了学生多种感官进行学习，极大地激发其兴趣，提高学生的积极性。

图 3-1　AR 医疗教育系统

3.4.2　手术辅助

利用增强现实辅助手术主要体现在手术方案的制定和术中导航这两个方面。手术前，增强现实根据患者医学影像新构建三维虚拟模型，改变传统医学阅片方式，也可以制定手术方案。医生可借助三维虚拟模型对病变部位进行多参数测量、推演，评估手术风险从而选择合适的手术入路、手术切口和制定合理的手术方案。传统的手术中，医生一边做手术，还要不断地关注导航设备上的屏幕，十分耗费医生的精力。现在，借助增强现实虚拟的导航信息可以直接投射到患者的体表，这些信息便可以实时都在医生的视野内，医生无需将视线不断在导航设备上的屏幕和手术台间切换，使得医生可以专心手术。由于增强现实尚未成熟，尤其是三维注册现在还很难做到精确定位，也就是说虚拟三维模型不能十分准确的和患者体表吻合，并且也难以做到实时追踪，同时，虚拟三维模型融入现实还存在遮挡实际手术区域的问题。因此，增强现实在术中导航上的应用还有巨大的发展空间。

3.4.3　远程协同手术

所谓的远程协同手术是指利用增强现实，让身处异地的医生可以实时、直观的看到病患的各项数据，并能和正在执行手术的医生交流、讨论，帮助其完成手术。2017 年 10 月 19 日，Shafi Ahmed 教授在英国皇家伦敦医院执行一例肠道肿瘤切除手术，期间他利用 HoloLens 眼镜和来自孟买、伦敦的医生交流、讨论手术，最终手术在三地医生协作下完成。国内也有类似的尝试，2019 年 3 月 12 日下午，清华大学长庚医院董家鸿院士利用 5G 和增强现实为深圳市人民医院的鲍世韵手术团队顺利完成胆总管囊肿切除和肝内外胆管取石手术提供了精确指导。在深圳市人民医院的手术室里，鲍世韵佩戴 AR 眼镜为患者实施手术，利用远程手术协作系统和 5G 传输技术，手术影像实时传送给远在北京的董家鸿院士。而董家鸿院士只需通过 iPad 便可清晰地看到手术进展的画面，同时他可在手术画面上做标记和提示，这些信息可实时的反馈给正在做手术的鲍世韵，实现了远程精准指导。在手术前，鲍世韵便将患者的核磁共振和 CT 扫描结果等数据构建成虚拟的三维模型传给了董院士。通过虚拟模型，病灶与周围组织的毗邻关系，周边的血管情况都是清晰可见的，这对鲍世韵和董院士的术前会诊起到重要的作用。随着增强现实不断在医疗领域的普及和完善，知名的专家便可以化身虚拟穿梭在各个手术室进行远程指导手术，让优秀的医疗资源得以充分地共享。

此外，医生可以借助增强现实向患者更好的展示患病情况，使得患者更加容易了解病情及手术方案，有利于医患之间的沟通。

3.5 AR 在旅游业中的应用

借助增强现实技术，旅游品牌可以为潜在的游客提供身临其境的体验。通过增强现实解决方案，代理商和目的地可以为访客提供更多的信息和路标指示。增强现实应用程序可以帮助度假者浏览度假村并了解目的地。

甘肃省博物馆将增强现实互动技术引入展览。观众用手机摄像头识别文物时，文物可以进一步呈现"活态"，如仰韶文化彩陶盆上的鱼纹可以"游动"，带给人们更好的观展体验。

此外，增强现实在旅游业还有一个有趣的用途。荷兰皇家航空和英国廉价航空 EasyJet 都通过增强现实让旅客检测行李箱大小是否可以登机。EasyJet 的增强现实系统是基于苹果 ARKit2 的，通过预设一个符合等级规格的立方体网格进行对比，用户通过增强现实技术让行李箱与网格重合，便可以确认行李尺寸是否可以登机。

增强现实汽车导航系统是增强现实在旅游业上应用的另一方向的拓展。韩国现代汽车集团与瑞士高科技初创公司 WayRay AG 合作，推出了全球首个全息增强现实导航系统，该系统搭载在现代捷恩斯 G80 车型上。嵌入汽车的全息增强现实导航系统的最大优点是，可将立体图像显示在真实道路上，并可根据驾驶员的具体视角适当进行调整，从而提供准确的驾驶指导。驾驶员无需配备头部设备就可获得生动、精确的全息图像。该技术可根据车速精准地显示车辆行驶方向，并通过安装在仪表板上的显示器将导航的指示箭头投射到道路上，让司机在不分心的情况下使用导航，进而实现了安全驾驶。优秀的导航一定程度上增加了用户自驾游的体验，或多或少地促进了旅游业的发展。

第二篇　技术基础篇

本篇由 3 章组成，第 4 章为 C#技术，它是开发 Unity 3D 和 HoloLens 应用的基础技术，本章包括 C#编程基础、面向对象、网络应用开发技术 3 个部分。第 5 章是在第 4 章的基础上，讲解 Unity 3D 仿真引擎，包括脚本开发、物理引擎、UI 开发、常用插件，然后以一个 Unity 3D 综合案例整合本章知识点。第 6 章讲解基于 HoloLens 应用开发方法，它是建立在 C#和 Unity 3D 基础上，利用增加现实技术实现的具体应用，本章包括 HoloLens 基本介绍、环境搭建、全息应用、图形识别，最后以一个开发案例巩固 C#、Unity 3D、HoloLens 等相关知识。

第 4 章　C#编程技术

扫一扫
看本章插图

4.1　C#程序设计基础

4.1.1　Visual Studio 与 C#简介

Microsoft Visual Studio，简称 VS，是美国微软公司的开发工具包系列产品。VS 是一个基本完整的开发工具集，包括了整个软件生命周期中所需要的大部分工具，如 UML 工具、代码管控工具、集成开发环境（IDE）等。利用 VS 编写的目标代码能适用于微软支持的所有平台，包括 Microsoft Windows、Windows Mobile、Windows CE、.NET Framework、.Net Core、.NET Compact Framework 和 Microsoft Silverlight 以及 Windows Phone。目前的最新版本为 Visual Studio 2019 版本，基于 .NET Framework 4.7。利用 VS 可以开发多种编程语言，包括 VB、C#、C++等，同时，还可以开发多种类型工程，如 Windows 窗体应用程序、DLL 通用类库、ASP.Net 网站、Web Service 网络服务等。

C#是微软公司在 2000 年 6 月发布的一种编程语言，起初称为 COOL，主要由安德斯·海尔斯伯格（Anders Hejlsberg，是所有 Turbo Pascal 版本、Delphi 前 3 个版本的架构师，比尔·盖茨亲自邀请其加入微软，被称为 Delphi、C#和 TypeScript 之父）主持开发，它是第一个面向组件的编程语言，其源码会编译成 MSIL（Microsoft Intermediate Language，微软中间语言）再运行。由于 Visual Basic 等语言也是先编译成 MSIL，所以 VS 能够实现跨语言开发。C#是一种安全、稳定、简单、优雅的，由 C 和 C++衍生出来的面向对象编程语言。它在继承 C 和 C++强大功能的同时去掉了一些复杂特性，此外，C#还借鉴了 Delphi

的一个特点，即与 COM 组件对象模型直接集成，并且在此基础上新增了许多功能和语法。

由于 Visual Studio 中集成了 .NET Framework 框架和 C#开发语言等部分，所以它们之间存在对应关系，具体关系如表 4-1 所示。

表 4-1　C#、.NET Framework 及 VS 对应关系

序号	C#版本	.NET Framework 版本	VS 版本	主要（新增）特性
1	1.0	1.0	VS 2002	委托、事件
2	2.0	2.0	VS 2005	泛型、匿名方法、迭代器、可空类型
3	3.0	3.0	VS 2007	匿名类型、扩展方法、Lambda 表达式、Linq
4	4.0	4.0	VS 2010	命名和可选参数、泛型的协变和逆变、互操作性
5	6.0	4.6	VS 2015	自动属性初始化的改进、String.Format 的改进
6	7.3	4.7	VS 2017	out 变量、局部函数、通用异步返回类型
7	8.0	4.7	VS 2019	全新 AI 支持、实时共享

4.1.2　第一个 C#程序

本节以 Hello World 为例，介绍第一个 C#程序。打开 VS 后（本书以 VS 2015 为例），依次选择"文件""新建""项目"，在弹出的窗体中选择"模板""Visual C#""控制台应用程序"，在"名称"中输入 HelloWorldProject，在"解决方案名称"中输入 HelloWorldSolution，选择合适的路径保存项目，点击"确定"按钮，如图 4-1 所示。

图 4-1　VS 2015 新建项目界面

点击"确定"按钮后，VS 自动生成相关文件和代码，如图 4-2 所示。

图 4-2 中，除了菜单栏、工具栏、状态栏等常规区域外，还包括主编辑区和导航区，其中主编辑区用于编写 C#或其他代码，导航区包括一个解决方案 HelloWorldSolution、一个项目 HelloWorldProject 和其他相关文件。需要说明的是，在 VS 中，一个解决方案可包括多个项目（Project），新建项目的操作方法如图 4-3 所示。

在图 4-3 中，可以新建项目和网站，也可以导入现有项目和网站。在主编辑区中，using 后面是被引用的命名空间，namespace 后为当前命名空间，class 为类关键字，

图 4-2　VS 项目生成后界面

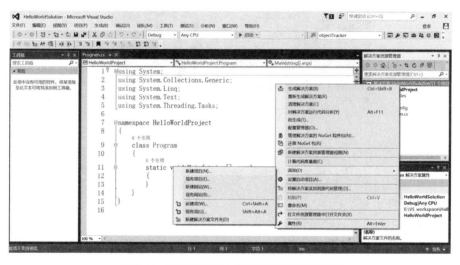

图 4-3　在解决方案中添加新项目操作界面

Program 为类名，Main 为方法名。此外，C#以花括号（大括号）作为分界符，用于包含所需代码，且必须成对出现。需要补充说明的是，C++、C#等编程语言采用 MS 风格，即左、右花括号均单独成行，而 Java 等语言采用 K&R 风格，一般将左括号写在对应语句的最右侧，而将右括号单独成行。本书为了节约空间，有时候会将左花括号置于语句最右侧，但并不表示 C#采用 K&R 风格，请读者注意。在主编辑器输入如下代码：

Console. WriteLine（"Hello world"）;
Console. Read （）;

　输入源代码结构与样式如下程序行所示，点击启动图标或按键盘的 F5 键抑或按键盘的 ctrl+F5 组合键后，其运行结果如图 4-4 所示。

```
namespace HelloWordProject
{
    0个引用
    class Program
    {
        0个引用
        static void Main（string［］args）
        {
            console. WriteLine（"Hello world"）;
            console. Read（ ）;
        }
    }
}
```

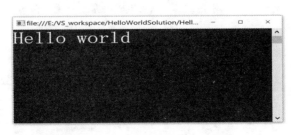

图4-4　第一个 C#程序执行结果

上述代码中，"Console. WriteLine（"Hello world"）;"用于实际输出，"Console. Read
（）;"用于暂停程序等待用户输入，否则控制台会一闪而过。

4.1.3　变量与数据类型

4.1.3.1　变量概述与命名规则

在 C#中，变量是一个可供程序操作的存储区名称，它的命名规范是规范化编程的一
个重要组成部分，常见命名规则包括：

（1）变量名不能与 C#中的关键字名称相同。

（2）变量名要能反映出变量的真实含义，最好用对应的英文单词表示。

（3）对大小写敏感。

（4）同一变量名不允许重复定义（覆盖除外）。

（5）变量名以字母、下划线或@开头，后面可以跟字母、数字、下划线，而不能包含
空格、标点符号、运算符等其他符号。类成员变量（全局变量）可以采用下划线开头，但
绝大多数变量都以字母开头。变量名中不建议包括@符号。

（6）变量命名需要符合对应命名法规则。

常见的命名法有四个，分别为帕斯卡、驼峰（含全小写）、匈牙利、全大写命名法，
它们的命名规则如下：

（1）帕斯卡（Pascal）命名法：首字母大写，如果变量由多个单词构成，后续的每个单词首字母大写，其余小写，单词之间不能有空格、连接号（-）、下划线（_）等字符，正确的命名如：Name、FirstClass、MemberName。在 C#中，接口、类名、枚举、方法、属性采用帕斯卡命名法。

（2）驼峰（Camel）命名法：如果变量由一个单词构成，则全部小写。如果由多个单词构成，首字母小写，后续的每个单词首字母大写，其余小写，单词之间不能有空格、连接号（-）、下划线（_）等字符，正确的命名如：name、firstClass、memberName。在 C#中，变量采用驼峰命名法。在 Java 中，除构造方法外，其余方法采用驼峰命名法。

（3）匈牙利（Hungarian）命名法：匈牙利命名法的基本原则是：变量名＝属性+类型+对象描述，它可以明确变量的数据类型，在 C++等语言中广泛应用，如 iCount，sName。

（4）全大写命名法：全大写命名法就是所有字母都大写，如果由两个或以上单词构成，其间用下划线隔开，如 PART_ NAME。在 C#中，常量采用全大写命名法。

4.1.3.2　数据类型

在 C#中，每个变量通常有一个特定的数据类型，类型决定了变量的内存大小和布局。从 C# 3.0 开始，变量可以为 var 类型，它是一种推断类型（弱化类型，与 Javascript 语言的 var 类似），能代替任何类型，编译器会根据上下文来判断变量的具体类型，类似于 Object，但是效率比 Object 高（不需要装箱拆箱）。变量可以为值类型或引用类型，引用类型参见本书后续章节。最常见的值类型有：int、char、double、bool，分别表示整数、字符、浮点、布尔型。C#值类型、范围、描述、默认值如表 4-2 所示。

表 4-2　C#部分简单数据类型及相关说明

类型	描　述	范　围	默认值
bool	布尔值	True 或 False	False
char	16 位 Unicode 字符	U +0000 到 U +ffff	'\ 0'
int	32 位有符号整数类型	−2, 147, 483, 648 到 2, 147, 483, 647	0
long	64 位有符号整数类型	−9, 223, 372, 036, 854, 775, 808 到 9, 223, 372, 036, 854, 775, 807	0L
byte	8 位无符号整数	0 到 255	0
sbyte	8 位有符号整数类型	−128 到 127	0
short	16 位有符号整数类型	−32, 768 到 32, 767	0
uint	32 位无符号整数类型	0 到 4, 294, 967, 295	0
ulong	64 位无符号整数类型	0 到 18, 446, 744, 073, 709, 551, 615	0
ushort	16 位无符号整数类型	0 到 65, 535	0
double	64 位双精度浮点型	$(+/-)$ 5.0 $*$ 10^{-324} 到 $(+/-)$ 1.7 $*$ 10^{308}	0.0
float	32 位单精度浮点型	$-3.4 * 10^{38}$ 到 $+ 3.4 * 10^{38}$	0.0F
decimal	128 位精确的十进制值，28-29 有效位数	$(-7.9 * 10^{28}$ 到 $7.9 * 10^{28}) / 10^{0 \text{ 到 } 28}$	0.0M

4.1.3.3　变量与数据类型示例

C#常见变量定义如下：

int i = 1; // 以 int 明确 i 变量为整型
double d = 3.0; / * 以 double 明确 d 变量为双精度浮点型 * /
var v1 = 4; // 根据数值 4，确定 v1 为 int 型
var v2 = 4.0;
var v3 = ' a '; // 根据字符' a '，确定 v3 为 char 型
var v4 = false;

上例中，利用 int、double 可以对变量类型进行明确定义，采用 var 定义时，需要根据后续的值来确定该变量类型。此外，C#采用双斜杠//或斜杠星号/ * * /的方式对代码进行注释，注释的内容不参与编译和执行，仅用于对代码进行辅助说明。

4.1.4　数组

上一小节定义变量时，使用一个数据类型对应一个变量的方式，当需要对多个同一类型的变量进行定义或赋值时，可以采取数组的手段，示例如下：

// 以下定义 5 个零件的名称
string [ ] name = {"输入齿轮","输出齿轮","输入轴","输出轴","盖板" };
// 以下定义 5 个零件的直径
double [ ] diameter = {28.5, 20.2, 13, 15.5, 47.2};

数组的取值和赋值采用数组名（变量名）+方括号（中括号）+下标的方式，下标并不位于文字的下方，实际上在变量名的右侧。下标从 0 开始，最大值为数组总个数减 1。如零件名称数组中:"输入齿轮" 对应的数组变量为 name [0]；零件直径中，diameter [4] 对应的值为 47.2。注意，数组不可以越界，否则会抛异常，并且是运行时异常，即 VS 在编译时，不检测此异常，当运行时，根据下标的值来决定是否产生异常。上述两个数组的元素个数均为 5 个，因此，下标的最小值为 0，最大值为 4。数组的值可以变化，也就是说，可以重新赋值，如，将输入齿轮的直径从 28.5 改成 30.3 的代码为：

// 将输入齿轮的直径从 28.5 改成 30.3
diameter [0] = 30.3;

4.1.5　循环

C#循环用于重复执行语句块中的内容，主要有三种类型，如表 4-3 所示。

表 4-3　C#三种循环类型

序号	循环类型	描　　述	应用场景
1	while 循环	执行该循环体时，程序会先判断循环条件，如条件为真，则执行循环体；执行完循环体后，再进行判断，判断还为真，则继续执行循环，直到判断为假时结束循环	一般用于循环次数和时间不确定的情况，如使用多线程或作为某项服务

续表 4-3

序号	循环类型	描　述	应用场景
2	for/foreach 循环	多次执行一个语句序列，简化管理循环变量的代码	一般用于循环次数确定的情况，如对数组进行遍历
3	do...while 循环	执行该循环体时，系统会先执行一次循环体，然后判断循环条件是否满足；如果满足，则再次执行循环体，然后再判断条件是否满足，直到条件不满足，才结束循环	应用场景与 while 循环类似

正常情况下，循环条件为假时结束循环，但是有时候需要在程序执行时中断循环。C# 中断循环有两种，如表 4-4 所示。

表 4-4　C#中断循环关键字

序号	控制语句	描　述
1	break	终止本次循环，当有嵌套时，终止最内层的循环
2	continue	结束本次循环，继续后续的循环

循环对于初学者而言较为复杂，有兴趣的读者需要参考相关资料深入学习，本节以输出九九乘法表（图 4-5）为例进行简要说明 for 循环的应用。

```
for (int i = 1; i < 10; i++)
{
    for (int j = 1; j < i + 1; j++)
    {
        // Console. Write 不换行；\ t 为制表符
        Console. Write (j + " * " + i + " = " + i * j + " \ t");
    }
    // Console. WriteLine 换行
    Console. WriteLine ("");
}
Console. Read ();
```

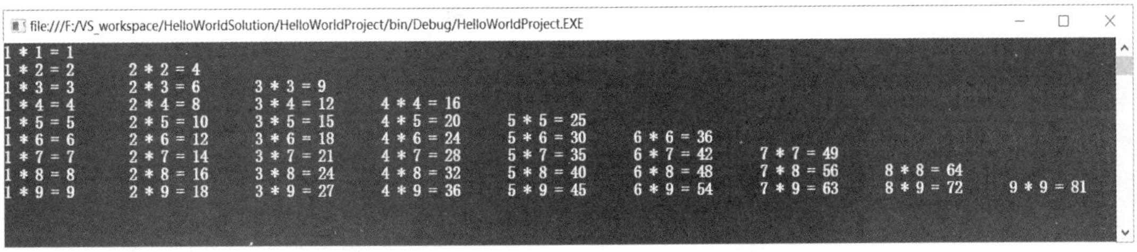

图 4-5　C#九九乘法表示例代码的运行结果

有兴趣的读者可以将上述代码加入 break 或 continue，测试运行结果，并思考为什么。参考代码如下：

```
static void Main (string [ ] args)
{
    for (int i = 1; i < 10; i++)
    {
        for (int j = 1; j < i + 1; j++)
        {
            if (j= =3)
continue; // 不输出 j 为 3 的情况，但剩余的继续输出
            if (i= =5)
                break; // 中断循环
            Console. Write (j + " * " +i+"=" + i * j + "\ t");
        }
        Console. WriteLine ("");
    }
    Console. Read ( );
}
```

4.1.6　方法

一般来说，C#的方法（method）与 C 语言的函数（function）相当，它是把一些相关的语句组织在一起，用来执行一个任务的语句块。C#使用方法通常需要两个步骤，分别为定义方法，调用方法，特殊情况下，可能需要声明方法。

方法由访问修饰符、返回类型、方法名称、参数列表、方法体组成，具体为：

<访问修饰符><是否静态><返回类型>方法名（参数类型参数变量名，…）
{
方法体
}

访问修饰符是关键字，用于指定成员或类型已声明的可访问性，C#包括 6 个修饰符，它们的名称和作用如表 4-5 所示。

表 4-5　C#访问修饰符

序号	访问修饰符	作　用
1	public	公有类型，访问不受限制，是枚举和接口成员的默认修饰符
2	protected	保护类型，可访问域限于当前类或从该类派生的子类
3	private	私有类型，可访问域限于包含类型，只能在当前类中使用，是类中成员的默认修饰符
4	internal	内部类型，访问限于当前程序集，是类、接口、委托等类型的默认修饰符
5	protected internal	受保护的内部类型，访问限于当前程序集或派生自包含类的类型
6	private protected	受保护的私有类型，访问限于包含类或派生自当前程序集中包含类的类型

表 4-5 仅适用于常规调用情况，采用反射机制，可以突破上述限制，如外部类可以调

用其他类的 private 方法。

是否静态有两种情况，分别为静态方法和非静态方法，其中静态的关键字为 static，它具有如下特点：

（1）静态方法属于类，外部调用时，需要指定类名。

（2）静态方法一般只能引用静态方法、字段、属性。

（3）静态方法随系统启动，且长留在内存中。

（4）静态方法可以重载，但不能被继承或扩展。

不使用 static 修饰的方法为成员方法，也称非静态方法，它具有如下特点：

（1）非静态方法属于实例，外部调用时，需要指定实例名。

（2）非静态方法可以调用非静态成员，也可以调用静态成员，调用静态成员时需指定类名。

（3）非静态方法在实例化时创建，因此它属于实例（对象）。

（4）非静态方法通常情况下可以重载和重写。

返回类型可以为值类型或引用类型，值类型可以为表 4-2 中的任意类型，引用类型参见后续章节。也可以不返回任何类型，此时使用 void 来修饰。

方法名为该方法名称，不能与关键词相同，采用帕斯卡（Pascal）命名法，即每个单词首字母大写，其余小写。

参数类型同样可以为值类型或引用类型，变量名一般遵循驼峰（Camel）命名法，即每个单词首字母小写，后续每个单词首字母大写。一个方法可以没有参数，也可以有多个参数。

根据上述介绍，图 4-4 中 Main 方法的访问修饰符为 private，静态方法，不返回任何数据类型，方法名为 Main，一个参数，参数类型为 string 型数组，参数名为 args。

4.2　C#面向对象

面向对象（Object-Oriented）是 C#的一个重要特征，同时也是初学者的一个门槛，限于篇幅，本书仅介绍面向对象中几个重要的概念，包括类、对象、接口、构造方法、继承、多态、重载、重写等。

4.2.1　类与对象

类（Class）是面向对象程序编程（OOP，Object-Oriented Programming）中的一个基本概念，是实现信息封装的基础，实际上是对现实生活中一类具有共同特征的事物的抽象。C#的类通常由字段、属性、方法等成员构成（C#中字段与属性不同，前者一般私有且首字母小写，后者一般公有且首字母大写），对于静态成员，可以直接使用"类名. 成员名"进行调用；对于非静态成员，需要先对类进行实例化后形成对象，再由"对象名. 成员名"进行调用。图 4-4 举例中，代码中类名为 Program，其中包含一个成员变量，即静态的 Main 方法。面向对象具有如下 3 大特性：

（1）封装性。将数据和操作封装为一个有机的整体，由于类中私有成员都是隐藏的，只向外部提供有限的接口，所以能够保证内部的高内聚性和对外的低耦合性。调用者不必了解具体的实现细节，而只是要通过外部接口，以特定的访问权限来使用类的成员，能够增强安全性和简化编程。

（2）继承性。继承是指子类自动共享权限范围内父类的字段、属性、方法等成员的一种机制，继承性更符合认知规律，使程序更易于理解，同时节省不必要的重复代码。

（3）多态性。同一操作作用于不同对象，可以有不同的解释，并且产生不同的执行结果。在运行时，可以通过指向父类（基类）的引用，来调用实现子类（派生类）中的方法。

对象（object）是类的一个具体实现，用于操作和使用类中非静态成员。通常情况下，一个对象就是一个实例（instance），因此，生成对象的过程也称为实例化。但是，当一个类为抽象类时，其本身不能被实例化，所以它的引用一般称为对象，不能称为实例。对象生成采用 new 关键字，具体语法为：类名 对象名 = new 类名。下面以一段代码阐述类的构成、对象的生成以及调用。

```
class OneClass
{
    // 以下为非静态字段
    private int oneField;
    // 以下为非静态属性
    public int OneField
    {
        get { return oneField; }
        set { oneField = value; }
    }

    // 以下为非静态方法
    public int GetOneField ()
    {
        return oneField;
    }
}
class TwoClass
{
    public void CallOneClass ()
    {
        OneClass obj = new OneClass ();  // 实例化 OneClass，生成 obj 对象
        obj. OneField = 3;  //通过 obj 对 OneClass 的 OneField 的成员属性进行赋值
        int twoField = obj. OneField;  //将 OneClass 的 OneField 的成员属性值赋给变量 twoField
        obj. GetOneField ();  //通过 obj 调用 OneClass 的 GetOneField () 成员方法
    }
}
```

上例包含两个类，分别为 OneClass 和 TwoClass。OneClass 包含字段、属性、方法各一个，TwoClass 包含一个方法 CallOneClass，用于调用 OneClass 的成员属性和方法。注意，OneClass 的 oneField 字段（首字母小写的为字段，大写为属性），默认为 private（私有）类型，因此，TwoClass 不能直接调用 OneClass 的 oneField，如果直接引用，会产生图 4-6 的错误。

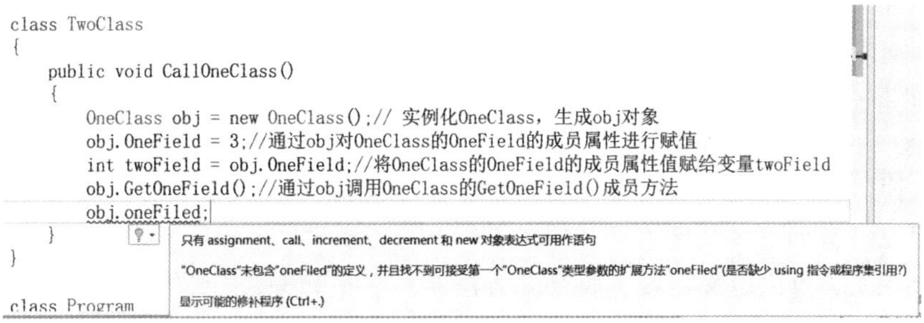

图 4-6　TwoClass 调用 OneClass 私有字段的错误提示

上述示例代码 OneClass obj = new OneClass（）；中，左侧 OneClass 为类名，obj 为实例名称（对象名），new 后面的 OneClass 实际为构造方法名称。构造方法有时称为构造函数，它是一种特殊的方法，具有如下一些特点：

（1）构造方法与类名相同，通常用来对成员进行初始化。

（2）构造方法具有访问修饰符、参数和方法体，但是没有返回类型，记住，也不能用 void 修饰。

（3）创建类时，构造方法可以写，也可以不写。如果不写，系统会添加一个默认的无参数构造方法（如添加默认构造方法 OneClass）；如果写明构造方法，则系统不会添加无参数的构造方法。

（4）构造方法可以为公有、私有等类型，使用单例设计模式时，构造方法通常为私有类型。

（5）构造方法可以被重载，调用本类构造方法使用 this 关键字，调用父类构造方法使用 base 关键字（重载参见本书后续章节）。

4.2.2　接口与抽象类

如前所述，类中包括字段、属性、方法等，其中的方法为实现某种功能的程序块，但是在有些场合下，方法不便于实现或者没有必要实现，也就是说，此时方法不需要方法体，为了满足此需求，C#采用接口的方式进行定义。

C#接口是一种约束形式，其中只包括成员定义，不包含成员实现的内容，是为不相关的类提供通用的处理服务，接口声明的方式与声明类的方式相似，但使用的关键字为 interface，而不是 class。换句话讲，接口定义了所有实现此接口的类应遵循的语法合同，即定义"是什么"，由实现类定义"怎么做"。接口的命名规范遵循帕斯卡原则，有时候会在名称前加大写字母 I。有的人将面向接口编程当作是继面向过程编程、面向对象编程之后的又一种编程思想。

C#接口中所有方法都没有方法体，因此，所有方法都是抽象方法，但是在某些场合下，一部分方法能够实现（即包含方法体），还有一部分没有实现，为了解决此问题，C#采用抽象类机制。抽象类就是在 class 关键字的前面增加 abstract。抽象类具有如下特点：

（1）抽象类是一种特殊的类，它只能作为其他类的父类（基类），不能被直接实例化。

（2）抽象类可以包含抽象成员，也可以不包含（不包含时就是普通类），若包含抽象成员，必须加 abstract 修饰符修饰。

（3）抽象类的父类也可以是抽象类。

（4）如果一个类继承自抽象类，且抽象类中包括抽象方法，则子类（派生类）只能有两种情况，一是子类必须重写抽象方法，二是子类也必须为抽象方法。

总的来说，接口和抽象类都不能被实例化，都可以包括抽象成员，用于规范和统一某些功能。但二者有如下一些区别：

（1）抽象基类可以定义字段、属性、方法实现。接口只能定义对成员声明，不能包含实现。

（2）接口可以被多重实现，抽象类只能被单一继承。

（3）一个类一次可以实现若干个接口，但是只能扩展一个父类。

```
interface ICalulate// 接口名称为字母 I+Calulate
{
    int Add（int a, int b）; //接口中声明的方法
    int Mul（int a, int b）; //接口中声明的方法
}
abstract class AbstractCalulate
{
    public abstract int Add（int a, int b）; // 抽象类中包含的抽象方法
    int Mul（int a, int b） // Mul 有方法体，不是抽象方法
    {
        return a * b;
    }
}
```

上述示例代码中，Icalulate 为接口，使用关键字为 interface，其中包括两个抽象方法 Add 和 Mul。AbstractCalulate 为抽象类，也包括两个方法，其中 Add 为抽象方法，Mul 为非抽象方法。

4.2.3　继承与多态

封装、继承、多态是面向对象的三大特征，其中封装就是将字段、属性、方法等成员集合在一个单元中，这个单元通常是类，外部调用时，根据访问修饰符来确定是否可见，下面主要介绍继承和多态的相关知识。

继承是面向对象程序设计中最重要的概念之一，它允许根据一个类来定义另一个类，这样有利于重用代码和节省开发时间，进而更加容易创建和维护应用程序。当一个类 A 继承自另一个类 B 时，A 称为派生类或子类，B 称为基类或父类，在 C#中，使用英文版冒号"："表示继承关系，一个类的父类只能有一个，但可以实现多个接口（与 java 相同，是对 C++的改进和简化）。此外，父类的私有成员不能被子类继承和使用，示例代码如下：

```
class Shape
{
    private double size;
    protected int width;
```

```
        public int height;
    }
// 派生类
class Rectangle ：Shape
{
        public double GetArea（）
        {
        return（width * height）；//子类直接使用父类的 width 和 height 字段
        }
}
```

上述示例代码中，Shape 为父类，Rectangle 为子类，它直接使用父类的 protected、public 修饰的字段。但是不能使用 private 修饰的 size 字段。另外，当父类为抽象类，且子类不是抽象类时，需要重写父类中的抽象方法。

多态是面向对象程序设计中最重要的概念之一，也是难点之一，它是通过继承实现的不同对象调用相同的方法而表现出不同的行为，因此，可以根据多态进一步理解继承的应用。为节省篇幅，本书对多态不展开讲解，仅从三个方面的应用说明多态的概念。

A　父类（接口）对象引用子类

如前文说明，实例化的语法为：类名对象名 = new 类名，当前后类名一样时，就不是多态，当左侧的类名为父类或者为接口时，为多态。必须说明的是，如果需要使用多态，左侧类名必须是右侧类名的父类，否则会产生编译错误。同样的，如果左侧为接口，则右侧的类必须实行该接口，否则也会产生编译错误。下面以示例说明，读者在练习过程中，试验如果没有继承或实现关系，是否会产生编译错误。

```
interface IShape
{
        void GetArea（）；// 抽象方法
}
abstract class Shape：IShape // 未实现 GetArea（）方法，所以必须为抽象类
{
        protected int width;
        public int height;
        public abstract void GetArea（）；
}
class Rectangle ：Shape // Rectangle 为 Shape 的子类，继承自 Shape
{
        public override void GetArea（）// override 表示对父类中的方法进行重写
        {
            Console.WriteLine（" 在子类 Rectangle 中执行"）；
        }
}
class Program
{
        static void Main（string［］args）
        {
```

```
        Rectangle rect = new Rectangle ();  // 不是多态
        rect. GetArea ();  // 调用 Rectangle 类中的 GetArea 的方法
/ *Shape shape = new Shape ();  // 语法错误, 抽象类不能被实例化 */
        Shape shape = new Rectangle ();  // 此处为多态, Shape 的对象 shape 引用 Rectangle
        shape. GetArea ();  // 多态, 调用 Rectangle 类中的 GetArea 的方法
        IShape ishp = new Rectangle ();  // 此处为多态, IShape 的对象 ishp 引用 Rectangle
        ishp. GetArea ();  // 多态, 调用 Rectangle 类中的 GetArea 的方法
        Console. Read ();
    }
}
```

上述示例代码中, IShape、Shape、Rectangle 分别为接口、抽象类和实现类, 根据多态, IShape、Shape 的对象均可引用子类 Rectangle, 且引用后, 调用的均是子类的方法 GetArea ()。

　　B　子类对象作为参数传入以父类 (接口) 作为参数的方法

当一个方法的参数类型为父类 (接口) 时, 可以以子类对象作为参数传入, 此种情形也属于多态, 示例代码如下:

```
class Program {
    / * *
      * 以下方法有两个参数, 分别为接口和父类
      * 当以 Rectangle 的对象传入时, 就是多态的一种应用 */
static void Call (IShape ishape, Shape shape){ }
static void Main (string [ ] args){
Rectangle rect = new Rectangle ();  // 不是多态
        Call (rect, rect);  // 此处为多态
        Console. Read ();
}}
```

上述代码中, Rectangle 类继承自抽象类 Shape, 而 Shape 又实现接口 IShape, 因此 Rectangle 算是二者的子类, 根据多态的规则, Rectangle 的对象 rect 可以作为参数传入 Call 方法。

　　C　子类对象作为返回值返回以父类 (接口) 作为数据类型的方法

当一个方法的返回类型为父类 (接口) 时, 可以以子类对象作为返回值, 此种情形也属于多态, 示例代码如下:

```
IShape RetInterface ()  // 返回接口
{
Rectangle rect = new Rectangle ();  // 不是多态
return rect;  // 此处为多态
}
IShape RetShape ()  // 返回父类
{
Rectangle rect = new Rectangle ();  // 不是多态
```

return rect；// 此处为多态

}

以上仅讲解了多态的三种使用情景，它们是多态的最常见应用。在 C#的内置方法中，绝大多数都是以父类（接口）作为参数或返回类型，编程人员在应用此类方法时，完全可以将子类对象传入使用，这样可以大大提高内置方法的利用率。有时候会将重载作为多态的一种应用情形，因重载非常重要，本书将其作为单独一节进行讲解。

4.2.4　方法重载

C#重载一般包括运算符重载和方法重载，其中运算符重载容易产生歧义，所以不太常用，本节主要讲解方法重载，方法重载具备如下 3 个条件：

（1）方法名必须完全一样；

（2）方法参数类型不同或者参数个数不同；

（3）必须在同一个类中。

注意，如果一个类中方法名相同，参数类型和个数也相同，但是返回类型不同，不是重载，且会产生编译错误。由于方法名称相同，因此运行时，具体调用何方法，由调用者参数决定，重载的示例如下：

```
class Class1
{
    int Add（int a，int b）
    { return a + b;}
double Add（double a，double b）//与第一个方法参数个数相同，但类型不同
    {return a + b;}
int Add（int a，int b，int c）// 与第一个方法参数个数不同
    {return a + b + c;}
    static void Main（string [ ] args）
    {
Class1 cls = new Class1（）；// 因为 Add 方法为非静态方法，需要实例化
cls. Add（1，2）；// 调用第一个 Add 方法
cls. Add（1.0，2.0）；// 调用第二个 Add 方法
cls. Add（1，2，3）；// 调用第三个 Add 方法
    }
}
```

上述是普通方法的重载，通过实例化对象进行调用，调用时根据传入的参数类型和个数进行匹配，如果能匹配到方法，则执行对应的方法，如果匹配不到，会产生编译错误。构造方法也可以重载，重载的基本要求与上述 3 个条件相同，但是调用稍有不同，示例代码如下：

```
class Class2
{
```

```
public Class2 ()： this (1) // 调用以 int 为参数的构造方法
    { }
public Class2 (int a)： this (1.0) // 调用以 double 为参数的构造方法
    { }
    public Class2 (double d)
    { }
}
```

可以看出，上述示例中调用构造方法采用 this 关键字，而不是写具体的构造方法（即类名）名称。另外，如果子类调用父类的构造方法，使用 base 关键字，有兴趣的读者可以自行练习。

4.2.5　集合与泛型

如前所述，数组是将具有相同数据类型的元素结合在一起的整体，它可以方便地存储与管理数据，但它有如下一些缺点：

（1）数组中所有元素类型都必须相同；

（2）数组的存储空间必须连续，因此在内存中必须有一块连续的内存空间；

（3）数组长度确定之后，总元素个数不能超出长度，如果超出，会引发数组越界异常，且该异常是运行时异常，这就意味着此异常与运行过程中的数据有关，因此会存在一些安全隐患；

（4）数组定义太小容易越界，而太大又会浪费空间；

（5）数组在增加、删除元素时效率相对低下。

为了摆脱数组的限制，.Net 基础类库建立了动态数组的概念，它基本上可以替代数组，它可以使用索引在指定的位置添加和移除项目，并且能自动重新调整大小。此外，它还支持动态分配内存、增加、搜索、排序各项等功能。

泛型是程序设计语言的一种特性，它是 C# 2.0 推出的语法，允许程序员在编写代码时定义一些可变部分，即可以编写一个与任何数据类型一起工作的类或方法。泛型有助于重用代码、保护类型的安全以及提高性能。此外，还可以自定义泛型接口、泛型类、泛型方法、泛型事件和泛型委托。以上说法比较抽象，下面以 C# 中典型的 ArrayList 和 Dictionary 为例进行说明。

```
void ArrayListDemo ()
{
    //创建动态数组，但未确定长度（即数据元素个数），也未确定元素的数据类型
    ArrayList al = new ArrayList ();
    // 可以向 al 中增加整型数据
    al. Add (1); // 此时该 ArrayList 长度为 1
    // 可以重新赋值
    al [0] = 2;
    // 可以向 al 中增加字符串
    al. Add ("part"); // 此时该 ArrayList 长度为 2
```

```
        // 可以移除数据
        al. RemoveAt（1）；// 此时该 ArrayList 长度为 1
}
```

　　上述代码显示了 ArrayList 实例化方法，以及添加、修改、删除元素的方法，可以看出，al 中可以增加任意类型的数值，这样虽然方便但实际上降低了执行效率，而且随意增加的数据类型也导致程序阅读与理解困难。为此，在 C#中，采用泛型机制来约束加入到 ArrayList 中类型，代码如下：

```
void ListDemo（）
{
        // 创建动态数组，尖括号中类型表示只能添加的类型
        List<string> al = new List<string>（）;
        // 此时不能加入整型数值: al. Add（1）;
        // 可以向 al 中增加字符串
        al. Add（"part"）;
        // 可以移除数据
        al. RemoveAt（1）;
}
```

　　上述代码中，以尖括号的形式约束了加入动态数组的类型，从而规范了编码过程，提高了执行效率。此外，上述代码取得元素采用编号的形式，如代码中 al［0］表示第一个元素。这种以编号来取值的方式有时会产生阅读或理解困难，因此，在 C#中，还可以采用键值对的方式进行，即每个键对应一个值。如，存储部分零件的体积时，可以采用"零件名称"+"零件体积"的方式进行，示例代码如下：

```
void DictionaryDemo（）
{
        // Dictionary 为字段类，存储键值对数据，其中尖括号中第一项为键，后一项为值
        Dictionary<string, double> dict = new Dictionary<string, double>（）;
        dict. Add（"螺帽", 12. 5）;// 键: 螺帽; 值: 12. 5
        dict. Add（"齿轮", 21. 3）;// 键: 齿轮; 值: 21. 3
        dict. Remove（"螺帽"）;// 根据键移除数据
        dict. Add（"齿轮", 35. 2）;//根据键覆盖数据
        Console. WriteLine（dict［"齿轮"］）;
}
```

　　上述示例代码中，以键值对的形式存储和使用零件名称及其对应的体积，可以方便阅读和使用代码，另外，在 Dictionary 实例化时，限定了键为 string 类型、值为 double 类型，因此存储和调用时的数据类型均要与之匹配。

4. 3　Web Service 开发与应用

4. 3. 1　Web Service 平台技术简介

　　Web Service 也叫 XML Web Service，它是一种 SOA（Service-Oriented Architecture，面

向服务的编程）的架构，它不依赖于语言和平台，可以实现不同的语言间的相互调用。从表面上看，Web Service 是应用程序暴露给外部的一个能够通过 Web 调用的 API，从深层次看，它是构建分布式系统，实现可互操作的技术架构，是一个平台，也是一套标准。

Web Service 为了构建一个跨语言、跨平台、跨网络的分布式平台，必然有一套完整的协议和规范。具体来说，它是通过 SOAP 协议在 Web 上提供的软件服务，使用 WSDL 描述文件进行说明，并通过 UDDI 进行注册，它包含的几个关键技术如下：

（1）SOAP 协议（Simple Object Access Protocol，简单对象存取协议），是基于 XML 的轻量级协议，用来描述传递信息的格式。

（2）WSDL（Web Services Description Language，Web Service 描述语言），是用来描述如何访问具体的接口，具体来说，它是一个基于 XML 的关于如何与 Web 服务通讯和使用的服务描述；也是描述与目录中列出的 Web 服务进行交互时需要绑定的协议和信息格式。通常采用抽象语言描述该服务支持的操作和信息，使用的时候再将实际的网络协议和信息格式绑定给该服务。

（3）UDDI（Universal Description，Discovery，and Integration，通用描述、发现与集成），是一种用于描述、发现、集成 Web Service 的技术，它利用 SOAP 消息机制来发布、编辑、浏览以及查找注册信息。

Web Service 的体系结构包括三种角色，分别为服务提供者，服务注册中心和服务请求者。服务提供者提供 Web Service 描述并且将服务发布到服务请求者或者服务注册中心。服务请求者使用查找操作从本地或者服务注册中心搜索服务描述，然后使用服务描述与服务提供者绑定，并调用相应的 Web Service 实现、同它交互。服务注册中心是一个 Web 服务的注册地，汇集在线的 Web 服务。三种角色的关系如图 4-7 所示。

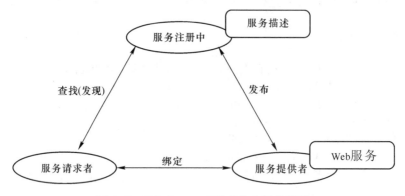

图 4-7　Web Service 三种角色之间的关系

一个完整的 Web Service 通常包括以下步骤：

（1）Web Service 提供者开发程序，并将调试正确后的 Web Service 通过 Web 服务器（如 IIS、Tomcat）发布，同时在 UDDI 注册中心进行注册。

（2）Web Service 请求者向 Web 服务器请求特定的服务，服务器根据请求查询 UDDI 注册中心，为请求者寻找满足请求的服务。

（3）Web 服务器向 Web Service 请求者返回满足条件的 Web 服务描述信息，该描述信息用 WSDL 写成，采用 XML 格式。

（4）利用从 Web 服务器返回的描述信息生成相应的 SOAP 消息，发送给 Web Service 提供者，以实现 Web 服务的调用。

（5）Web 服务提供者按 SOAP 消息执行相应的 Web Service，并将服务结果返回给 Web 服务请求者。

4.3.2 基于 VS 2015 的 Web Service 服务端开发

本节建立一个 Web Service，对外提供验证用户名和密码服务，此处为简化代码，假设用户名为 admin，密码为 123456，如果传入参数正确，服务返回 true，否则返回 false。下面以 VS 2015 为例，讲述 Web Service 服务提供者的开发过程。

（1）打开 VS，依次选择"文件""新建""项目"，在弹出的"新建项目"中依次选择"模板""Visual C#""Web""ASP.NET Web 应用程序"，在名称中输入"WebService-Demo"，如图 4-8 所示。

图 4-8 VS 新建 ASP.NET Web 应用程序界面

（2）在图 4-8 中点击"确定"，在选择模板中选择"Empty"，点击"确定"，在 "Configure Microsoft Azure Web App"窗体中点击"取消"，生成后的界面如图 4-9 所示。

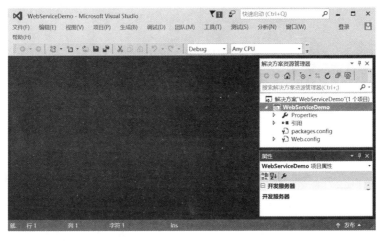

图 4-9 ASP.NET Web 空应用程序界面

（3）在 ASP. NET Web 空应用程序中，右击项目名 WebServiceDemo，依次选择"添加""新建项"，如图 4-10 所示。

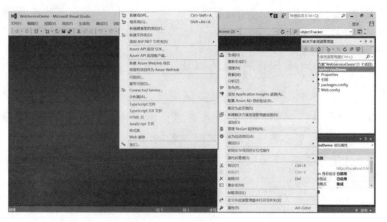

图 4-10　在 ASP. NET Web 应用程序中新建项界面

（4）在弹出的"添加新项"中，依次选择"Vistual C #""Web""Web 服务（ASMX）"，在名称中输入"CheckUserWebService. asmx"，点击"添加"，如图 4-11 所示。

图 4-11　创建 Web 服务（ASMX）界面

（5）在"CheckUserWebService"类中，输入如下代码对用户名和密码进行验证：

```
[WebMethod]
public bool CheckUser (string name, string pwd)
{
    if (name = = "admin" && pwd = = "123456")
    {
return true;
    }
    return false;
}
```

上述代码中，在 CheckUser 方法上方加入特性（Attributes，又称属性），表示该方法是 Web Service 方法，如果不加此属性，则该方法不会对外发布。

（6）服务端代码编写后，就需要对外发布，发布方式有两种，一种是发布到 Microsoft IIS（Internet Information Server，互联网信息服务）上，适合正式发布的场合，步骤较多，下一节详细介绍。另一种发布方法简单快捷，适用于在本机开发和使用，仅需点击启动图标或在键盘上按 F5，即可利用 VS 的创建虚拟 IIS 并对本机服务，运行后如图4-12所示。

图 4-12　CheckUserWebService. asmx 发布后的网页

在图 4-12 中，浏览器 URL 为 http://localhost:10666/CheckUserWebService. asmx，其中 localhost 表示本机，10666 为临时端口号，CheckUserWebService 为 Web Service 服务名，asmx 为 C#的 Web Service 默认后缀名。界面中部 CheckUser 为发布的 Web Service 方法。

点击"CheckUser"，在弹出的页面的 name 和 pwd 中，分别输入 admin 和 123456，点击"调用"，会弹出 true 的结果，如图 4-13 所示。同样的，如果输入不正确，会弹出 false 结果，请读者自行练习。

图 4-13　C# Web Service 网页调用界面与结果

（7）在浏览器中输入 http://localhost:10666/CheckUserWebService. asmx?wsdl，会显示 Web Service 描述语言，如图 4-14 所示。

图 4-14 中，WSDL 描述了 CheckUser 的参数和返回信息，还包括对外服务的 URL 地址。Web Service 请求者可以根据此地址进行调用。

图 4-14　CheckUserWebService 的 WSDL 语言

4.3.3　将 VS 2015 的 Web Service 服务发布到 IIS

上一节介绍的发布 Web Service 方法简单方便，但是只能应用于本机，如果需要将此服务发布到服务器上，供任意机器使用，则需要将上述服务 CheckUserWebService. asmx 发布微软的 Web 服务器 Microsoft IIS 上，下面介绍发布到 IIS 的详细步骤。

（1）首先右击工程 WebServiceDemo，选择"发布"，弹出"发布 Web"界面，在"配置文件"中选择"自定义"，输入 CheckUserServer，如图 4-15 所示。

图 4-15　VS 2015 发布 IIS 名称

（2）在弹出的"连接"中选择"File System"，并选择合适的文件路径，点击"发布"按钮发布 Web 应用至"Target location"目录，如图 4-16 所示。

（3）Window 7、Window 10（非 Windows Server 操作系统）默认情况下不启用 IIS，Window 10 启用 IIS 的步骤为：打开 Windows 控制面板，依次选择"程序""启用和关闭 Windows 功能"，在"Windows 功能"对话框中勾选"Internet Information Services"（含应用程序开发功能中对应的 . NET 版本）和"Internet Information Services 可承载的 Web 核心"，如图 4-17 所示，启用后，添加 IIS 网站如图 4-18 所示。

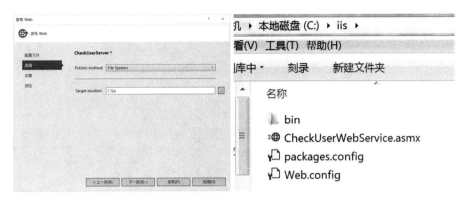

图 4-16　VS 2015 发布 IIS 文件路径

图 4-17　Windows10 启用 IIS

图 4-18　IIS 添加网站

（4）在图 4-18 中，分别输入网站名称、物理路径（第 2 步发布的文件路径）、IP 地址等信息，点击"确定"启动网站，如图 4-19 所示。

图 4-19　IIS 添加网站信息

（5）关闭防火墙，在能够连接 192.168.43.175 局域网环境的设备上打开浏览器，输入 http://192.168.43.175/CheckUserWebService.asmx?wsdl，可以打开 wsdl 页面，如图 4-20 所示。

图 4-20　打开位于 IIS 上的 Web Service

4.3.4　基于 VS 2015 的 Web Service 客户端请求与调用

Web Service 客户端（即服务请求者）是另外一个工程，因此需要重新开启一个新的 VS 进程，具体步骤如下：

（1）启动 VS 2015，依次点击"文件""新建""项目"，在弹出的"新建项目"中依次点击"模板""Visual C#""windows""控制台应用程序"，在名称中输入"WebService-Client"，点击"确定"按钮。

（2）在生成的解决方案中，右击"引用"，选择"添加服务引用"，如图 4-21 所示。

（3）在弹出的"添加服务引用"中，输入 http://localhost:10666/CheckUserWebService. asmx?wsdl，点击"转到"，点击"确定"，如图 4-22 所示。

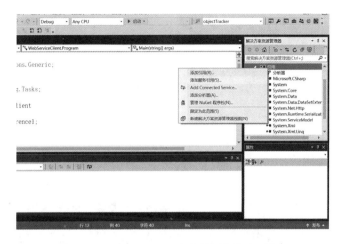

图 4-21　Web Service 客户端添加服务引用

图 4-22　Web Service 客户端查找服务

（4）在 Program 中输入如下代码测试请求 Web Service 的正确性。

```
using ServiceReference1;
class Program
{
static void Main（string［］args）
{
    // 实例化 CheckUserWebServiceSoapClient
    CheckUserWebServiceSoapClient ws;
    Ws = new CheckUserWebServiceSoapClient（）;
    // 输入正确的用户名和密码
    bool b = ws.CheckUser（"admin", "123456"）;
    // 输出 true
    Console.WriteLine（"输入 admin 和 123456 时的结果:" + b）;
```

```
    // 输入错误的密码
    b = ws. CheckUser（"admin"，"123"）;
    // 输出 true
    Console. WriteLine（"输入 admin 和 123 时的结果:" + b）;
    Console. Read（）;
}
```

　　上述代码中，using ServiceReference1；表示引入命名空间，通过输入用户名和密码可以验证 Web Service 调用的正确性。运行结果如图 4-23 所示。

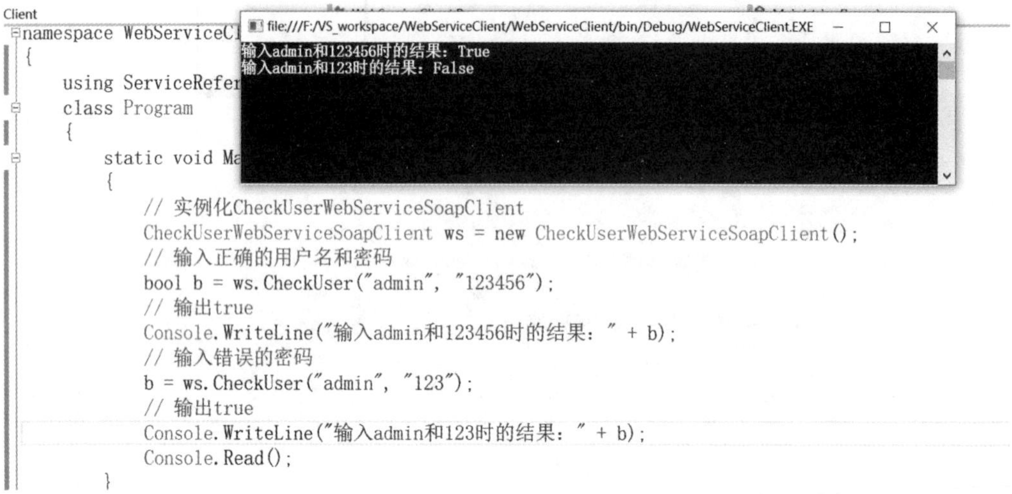

图 4-23　Web Service 请求者调用运行结果

第 5 章　Unity 3D 仿真引擎

扫一扫
看本章插图

5.1　Unity 3D 介绍

5.1.1　Unity 3D 简介

Unity 3D，有时简称 Unity，是由 Unity Technologies 开发的跨平台专业引擎。Unity 用户可以轻松实现各种游戏创意和三维互动开发，创造出精彩的 2D 和 3D 游戏内容。还可以在 Asset Store（资源商店，http://unity3d.com/asset-store）上分享和下载相关的资源，此外，Unity 还有一个知识分享和问答交流的社区，大大方便开发者的交流互动。Unity 3D 具有如下特点：

（1）丰富的数据格式支持功能。Unity 3D 支持 FBX、OBJ 等主流三维模型，因此，利用 3Dmax、Solidworks、Maya 建立的模型可以方便地导入到 Unity 3D 中。

（2）强大的一次开发多处部署功能。用户可以在 Windows 或 Mac OS 平台上进行游戏开发，开发完成后，可以一键部署到各种平台上，包括 Windows、Mac、iPhone、WebGL（需要 HTML5）、Android 和 HoloLens 等。

（3）高性能的灯光照明系统。Unity 为开发者提供高性能的灯光系统，动态实时阴影、HDR 技术、光羽 & 镜头特效等。多线程渲染管道技术将渲染速度大大提升，并提供先进的全局照明技术（GI），可自动进行场景光线计算，获得逼真细腻的图像效果。

（4）逼真的 3A 级游戏画面。Unity 支持 DirectX 和 OpenGL。结合优化的光照系统，灵活的自定义顶点和片段着色器 ShaderLab，开发者可以创造出逼真的游戏画面。此外，先进的遮挡剔除（OcclusionCulling）技术以及细节层级显示技术（LOD），可支持大型游戏所需的运行性能。

（5）多样的脚本开发语言。引擎脚本编辑支持 Javascript，C#，Boo 三种脚本语言，用户可以根据自己的习惯选择开发语言，可快速上手、并自由的创造丰富多彩、功能强大的交互内容。

（6）强大的地形编辑器。Unity 内置了易用强大的地形编辑器，支持通过画刷来创建地形和植被，可以快速地创建数以千计的树木，百万的地表岩层，以及数十亿的青青草地。还有专门的 Tree Creator 来编辑树木的各部位细节。

（7）逼真的粒子系统。Unity 内置的 Shuriken 粒子系统，可以控制粒子颜色、大小及粒子运动轨迹，可以快速创建下雨、火焰、灰尘、爆炸、烟花等效果。

（8）良好的插件扩展功能。Unity 能够支持多种插件，在这些插件的帮助下，可以实现 Unity 不具备或者不完善的功能，如 NGUI、DoTween、EasyTouch、PlayerMaker 等。

5.1.2　第一个 Unity 3D 工程

Unity 3D 可以在 http://unity3d.com/unity/download 网站上下载，当前最新版本为 Unity

2019，较常见的版本有 Unity 5.3、5.6、2017、2018 等。Unity 能够向前兼容，因此利用低版本开发的程序通常可以在高版本上正确运行，所以本书以较低的 5.6 版本为主进行讲解。下面介绍创建第一个 Unity 3D 工程的详细步骤。

（1）Unity 安装完成后，双击图标运行 Unity 3D，弹出界面如图 5-1（a）所示。

图 5-1（a）为当前计算机连接互联网的情况，第一次使用时，开发者可以注册 Unity Account，然后以此账号登录。如果不联网的话，会自动出现如图 5-1（b）所示的界面。注意，Unity 会在后台实时检测联网情况，也就是说，如果先不联网并以 work offline 方式工作，一旦联网后，Unity 还是会弹出图 5-1（a）的界面，并要求登录。

（a） （b）

图 5-1 Unity 3D 登录页面

（2）在"Unity 5.6.0f3"界面中，"Projects"选项卡列出最近打开的 Unity 工程，在界面右上方包含"NEW"和"OPEN"图标按钮，分别用于新建和打开工程，如图 5-2（a）所示。

图 5-2（a）中，点击"Learn"选项卡，打开图 5-2（b）界面，显示 Unity 3D 的相关教程，用户可以参照此内容进行学习。

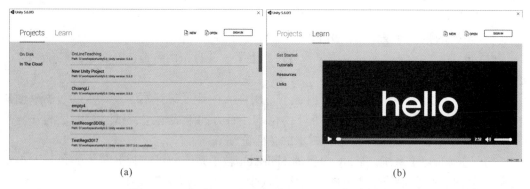

（a） （b）

图 5-2 Unity 的"Projects"和"Learn"选项卡界面

（3）在"Unity 5.6.0f3"界面中，点击"NEW"图标按钮，弹出界面如图 5-3 所示。

（4）输入适合的"Project name"，点击"Create project"按钮，进入 Unity 3D 主界面，如图 5-4（a）所示，点击运行图标按钮运行结果如图 5-4（b）所示。

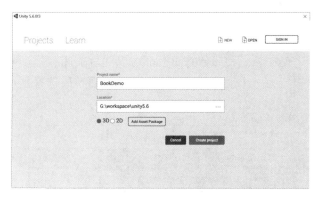

图 5-3　Unity 3D 录入项目名称界面

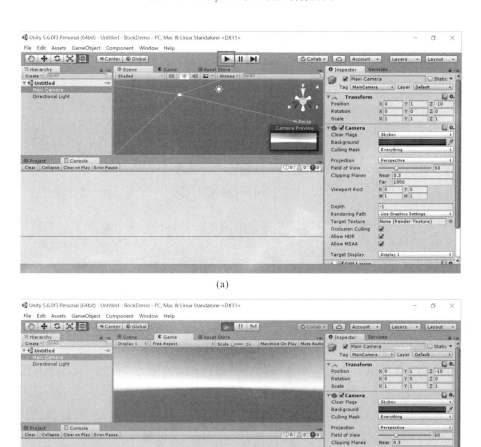

图 5-4　Unity 3D 主界面和运行结果

5.1.3　Unity 编辑器

Unity 3D 的界面比较友好，大部分的面板都可以随意关闭、拖动与放置，甚至在多显示器的情况下，可以拖至另一个屏幕。通过右上角的界面布局选择框可以选择几种界面布局，如图 5-5 所示。

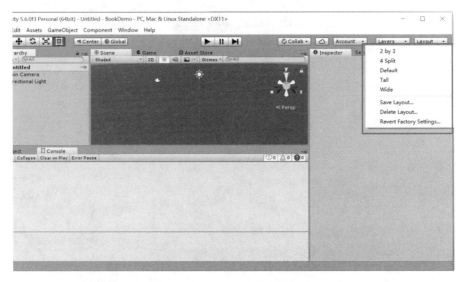

图 5-5　Unity 3D 几种布局方式

图 5-5 为 Unity 3D 默认布局方式，主要由菜单、工具栏、工作区视图、场景视图等部分组成，下面分别进行简要介绍。

5.1.3.1　菜单

（1）File（文件）菜单：主要包括场景及工程的新建、打开、保存、发布等。

（2）Assets（资源）菜单：主要包括资源导入、导出以及创建脚本、Material（材质）、Prefab（预设体）等。

（3）GameObject（游戏对象/游戏物体）菜单：用于创建各种常用 Unity 3D 对象，包括空对象、三维对象以及灯光、声音、视频等。

（4）Component（组件）菜单：用于添加到 Game Object 上的一组相关属性，本质上每个组件都是一个类的对象（实例），主要包括 Mesh（网格）、Effects（特效）、Physics（物理）、Navigation（导航）、Rendering（渲染）等部分。

5.1.3.2　工具栏

工具栏由变换工具、播放控件、分层下拉列表、布局下拉列表等组成，部分工具栏如图 5-6 所示。

（1）变换工具栏：

1）Hand（手形）工具：用于整体平移 Scene 视图。

2）Translate（移动）工具：用于改变物体在三维坐标系上的位置。

图 5-6　Unity 3D 工具栏

3）Rotate（旋转）工具：用于按照任意角度旋转物体。

4）Scale（缩放）工具：用于放大缩小物体。

（2）Gizmo 切换工具栏：

1）切换轴心点（Center：改变游戏对象的轴心为物体包围盒的中心；Pivot：使用物体本身的轴心）。

2）切换物体坐标（Global：世界坐标；Local：物体自身坐标）。

（3）播放工具栏：这是控制游戏运行的按钮组合，分别为运行、暂停、下一关卡。

5.1.3.3　面板

（1）Hierarchy：用于显示场景中的游戏物体结构，上下级关系可以采用树状形式呈现。

（2）Project：用于显示场景中的游戏资源目录结构，对应于 Assets 目录。

（3）Inspector：用于显示游戏物体和资源的属性。

（4）Console：控制台面板，用来查看各种 info、warning、error 信息。

（5）Animation：用于制作关键帧动画。

（6）Asset Store：用于在 Unity 3D 中打开资源商店。

（7）Animator："动画人"控制器，用来制作动画片段之间的切换控制。

5.1.3.4　组件

游戏物体通过附加上不同的组件（components）实现不同的功能，组件的详细信息显示在 Inspector 面板上，本节列举最常见的组件，后续组件随案例逐步讲解。

（1）Transform 组件：用于显示和设定物体在三维空间的位置，任何 Game Object 都有此组件。

（2）Mesh Filter 组件：通过指定一个 Mesh 资源让 Game Object 具有一个立体形状，也可以选择其他的 Mesh 形状，通常与 Mesh Renderer 配合使用。

（3）Mesh Renderer 组件：用于渲染 Game Object，还可以设置其对于光线的响应状况，以及指定材质球。

（4）Colliders 组件：用于设定不同形状的碰撞体，常见的有 Box Collider（盒形碰撞体）、Sphere Collider（球形碰撞体）、Capsule Collider（胶囊碰撞体）、Mesh Collider（网格碰撞体）、Terrain Collider（地形碰撞体）、Wheel Collider（车轮碰撞体）等，详见后续章节。

（5）Scrip 组件：用于存放用户编写的脚本，详见后续章节。

5.1.4　资源导入与导出

Unity 3D 支持多种资源的导入，导入时，可以通过菜单进行操作，也可以直接将文件拖至 Unity 3D 的 Project 面板中。此外，Unity 3D 还支持可以导出（发布）到多种平台上。

5.1.4.1　导入格式

A　图像格式

支持的图像格式包括 TIFF、PSD、TGA、JPG、PNG、GIF、BMP 等，其中 PSD 格式在导入 Unity 3D 后会将图层合并显示，但不会破坏 PSD 源文件的结构。

为了优化运行效率，建议图片像素的高度和宽度均为 2 的 n 次方，如 32、64、1024 等，图片的长宽没有比例要求，如 $512 * 1024$ 像素、$128 * 64$ 像素均合理。

B　音频格式

Unity 3D 支持大多数音频格式，对于较短的音乐、音效，可以使用 WAV、AIFF 格式；对于时间较长、文件较大的音频，一般使用 Ogg Vorbis、MP3 等格式。

C　视频格式

Unity 3D 可以通过 Apple QuickTime 导入视频文件，支持 MOV、MPG、MPEG、MP4、AVI、ASF 等格式。

D　三维模型

Unity 3D 支持绝大多数主流的三维文件格式，如 FBX、DAE、3DS、DXF、OBJ 等，用户在 Maya、3D Max、Solidworks 中导出文件到 Unity 3D 项目资源文件夹后，Unity 会立即更新。

5.1.4.2　导入与导出 Package

在 Unity 3D 中，在菜单栏依次点击"Assets""Import Package""Custom Package"，在弹出的"Import Package"中找到 package 包文件，点击"打开"在 Import Unity Package 中勾选需要的文件，点击"Import"导入文件。此外，在"Project"面板下空白区域点鼠标右键选"Import Package""custom Package"，也可以导入。

导出 package 操作如下：在菜单栏依次点击"Assets""Export Package…"，在弹窗中勾选需要导出的部分，在弹出的"Export Package…"窗口中输入文件名称和格式，点击"保存"按钮。

5.1.4.3　Unity 3D 发布

Unity 3D 可以支持多种发布平台，依次点击"File""Build and Run"，弹出界面如图 5-7 所示。

在图 5-7 中，选择 Platform（平台），可以将 Unity 3D 编写的工程发布到对应的平台上。发布前，可以点击"Player Setting"进行相关设置。发布到 HoloLens 的步骤为：

（1）选择"windows store"平台。

（2）将"SDK"选为 Universal 10，"Target device"选为 HoloLens，"Build Type"设置为 D3D，勾选 Unity C# Projects。如果没有上述设置，则表示 Unity 3D 中没有下载相关

图 5-7　Unity 3D 多平台发布界面

包，需要首先根据提示进行下载，下载后完成上述操作。

（3）点击 "Player Settings"，在 "Settings for Windows Store" 中找到 "Other Settings"，勾选 "Virtual Reality Supported"。

（4）点击 "Build" 按钮，在弹出的界面中创建 HoloLensDemo 文件夹，用于存放 Visual Studio 解决方案。

（5）Build 完成之后，在 "HoloLensDemo" 文件夹中，用 VS 2015 打开 HoloLens-Demo. sln 工程。

（6）VS 2015 打开后，如有 HoloLens 仿真器，可以直接打开，如果没有仿真器，需要先下载。下载和使用 HoloLens 仿真器参见本书后续章节。

5.2　Unity 3D 脚本开发

5.2.1　Unity 3D 脚本语言概述

游戏吸引人的地方在就在于它的交互性，如果没有交互，场景做得再美观精致，也难以广泛普及。在 Unity 3D 中，交互性是通过脚本编程来实现的。通过脚本，开发者可以控制每一个游戏对象的创建、销毁以及在各种情况下的行为，进而实现预期的交互效果。

在早期版本中，Unity 3D 支持 3 种编程语言：C#、UnityScript（即 JavaScript for Unity）和 Boo（Python 语言在 . Net 上的实现）。但是选择 Boo 作为开发语言的使用者非常少，而 Unity 公司还需要投入大量的资源来支持它，这显然非常浪费。所以在 Unity 5.0 后，Unity 公司放弃对 Boo 的技术支持。目前，官方网站上的教程及示例基本上都是基于 JavaScript 和 C#语言的。JavaScript 适合初学者，但不适合高级用户。C#语言功能强大，技术成熟，使用者众多，在编程理念上符合 Unity 3D 引擎原理，所以本书以 C#语言讲解 Unity 3D 脚本开发。

5.2.2　Unity 3D 中 C#编程初探

　　Unity 3D 中，在菜单中通过"Asset""Create""C# Script"，或在"Project"中点击右键，选择"Create""C# Script"，均可以创建 C#脚本。

　　脚本创建后，双击该脚本可以进行编辑。注意，Unity 3D 对 C#默认的打开方式可能是编辑器 MonoDevelop，有兴趣的读者可以查阅相关资料进行了解，本书以 VS 2015 作为脚本编辑器。将编辑器变为 VS 的方法有如下两种：

　　（1）在创建的 Unity 3D 工程的文件夹下，找到 .sln 文件，以 VS 2015 方式进行打开；

　　（2）在 Unity 3D 中，依次选择"Edit""Preferences…"，在"External Tools"选项卡中的"External Script Editor"设置为 Visual Studio 2015。

　　假设脚本名称为 HelloWorld，则默认生成的代码如下：

```
public class HelloWorld: MonoBehaviour {
    // Use this for initialization
    void Start ( ) {      }
    // Update is called once per frame
    void Update ( ) {     }
}
```

　　上例中，类名为 HelloWorld，父类为 MonoBehaviour，包含两个默认方法 Start 和 Update，这是两个最常用的方法，分别用于初始化和定期执行。执行以下步骤初步感受 Unity 3D 脚本功能。

　　（1）在 Unity 3D 中，依次点击"Edit""Preferences…"，在"General"中勾选"Auto Refresh"，如图 5-8 所示。

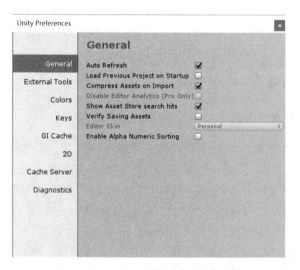

图 5-8　Unity 3D 中设置代码自动更新

　　（2）VS 2015 中，在 void Start ( ) 中加入语句"print（"hello, start"）;"，在 void Update ( ) 中增加语句"print（"hello, Update"）;"，并保存，代码如下：

```
public class HelloWorld：MonoBehaviour {
    void Start ( ) {
        print ( "hello, start" ) ;
    }
    void Update ( ) {
print ( "hello, Update" ) ;
    }
}
```

（3）回到 Unity 3D 中，稍等片刻（等待右下角圆环型进度条消失），选中"Project"面板的 HelloWorld 脚本，并将其拖到"Hierarchy"面板的"Main Camera"图标上，如图 5-9 所示。

图 5-9 将 HelloWorld 脚本与 Main Camera 绑定

（4）点击"Main Camera"图标，在"Inspector"面板中，可以看到已经增加了"Hello World（Script）"组件，并默认被勾选，此时表示已经将 HelloWorld 脚本与 Main Camera 绑定。

（5）点击 Unity 3D 中，打开 Console 面板，在工具栏中点击播放图标按钮，点击后立即关闭（否则产生代码太多），在 Console 显示结构如图 5-10 所示。

在图 5-10 中，第一行为 hello，start，后面为连续的 hello，start。上述结果的原因是：

1）Start 方法在 Update 方法第一次运行之前调用。

2）Update 每帧调用一次。

Start 和 Update 方法是最常用的两个方法，也是脚本必然事件中最常用的两个事件，关于常用事件、方法详见后续章节。

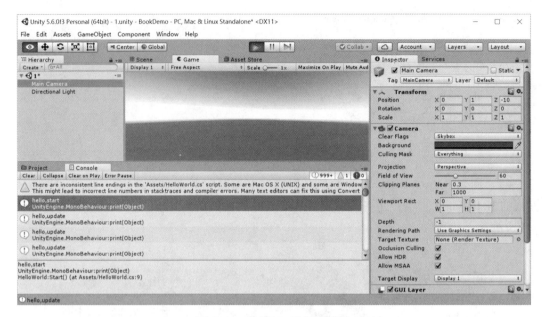

图 5-10　HelloWorld 显示结果

5.2.3　通用事件与方法

本节介绍比较通用的事件与方法，这些事件或方法不限定于某个类，介绍的目的在于后续讲解各个类与接口时，不再重复。

5.2.3.1　必然事件处理方法

在 Unity 3D 脚本中，有一些特定的方法，这些方法在某些事件发生时自动被调用，这些事件称为脚本必然事件（Certain Events）。Start 和 Update 是最常见的两个事件对应的方法，较常用的必然事件处理方法如表 5-1 所示。

表 5-1　常用必然事件处理方法

序号	名称	触发条件	用　途
1	Awake	实例化调用	用于游戏对象的初始化，Awake 晚于构造方法，但早于 Start 方法
2	Start	Update 方法第一次运行之前调用	用于游戏对象初始化
3	Update	每帧调用一次	用于更新游戏场景和状态
4	Enable	在 GameObject 关闭并再次开启时被调用	在 Inspector 勾选时有效
5	Disable	在 GameObject 关闭时被调用	在 Inspector 不勾选时有效
6	FixedUpdate	每个固定物理时间间隔调用一次	用于物理状态的更新
7	LateUpdate	每帧调用一次	在 Update 调用之后执行，用于更细的游戏场景和状态，和相机有关的更新一般放在此方法中，使用频率不太高

5.2.3.2　常用事件

在编程语言中，事件就是用户或系统在某个操作（含自动执行）后产生的某种活动，如按键、点击、鼠标移动等。Unity 3D 中，常用的事件如表 5-2 所示。

表 5-2　Unity 3D 常用事件及说明

序号	事件响应方法	说　明
1	OnMouseDown	鼠标在 GUI 控件或者碰撞体上按键时调用
2	OnMouseUp	释放鼠标按键时调用
3	OnMouseEnter	鼠标进入 GUI 控件或者碰撞体时调用
4	OnMouseOver	鼠标悬浮在 GUI 控件或者碰撞体时调用
5	OnMouseExit	鼠标离开 GUI 控件或者碰撞体时调用
6	OnTriggerEnter	当其他碰撞体进入触发器时调用
7	OnTriggerExit	当其他碰撞体离开触发器时调用
8	OnTriggerStay	当其他碰撞体停留在触发器时调用
9	OnCollisionEnter	当碰撞体或刚体与其他碰撞体或刚体接触时调用
10	OnCollisionExit	当碰撞体或刚体与其他碰撞体或刚体停止接触时调用
11	OnCollisionStay	当碰撞体或刚体与其他碰撞体或刚体保持接触时调用
12	OnControllerColliderHit	当控制器移动时与碰撞体发生碰撞时调用
13	OnEnable	对象激活或启用时调用
14	OnDisable	对象取消激活或禁用时调用
15	OnDestory	脚本销毁时调用
16	OnGUI	渲染 GUI 和 GUI 消息时调用

5.2.3.3　常用方法

掌握 Unity 3D 中常用方法，可以快速展开编程工程，常用方法如表 5-3 所示。

表 5-3　Unity 3D 常用方法

序号	方法名	作　用
1	Print	输出日志消息到 Unity 控制台，等同于 Debug. Log
2	GetComponent	获取单个组件
3	Find	按名称查找子对象
4	IsChildOf	判断是否为指定对象的子对象
5	GetComponents	获取多个组件列表（也可能只包含一个）
6	GetComponentInChildern	获取对象或者对象子物体上的组件
7	Translate	按照指定方向和长度平移物体
8	Rotate	按照指定角度旋转物体
9	RotateAround	按照给定的旋转轴和角度旋转物体

序号	方法名	作　用
10	InverseTransformDirection	将一个方向从世界坐标系转换成局部坐标系
11	TransformDirection	将一个方向从局部坐标系转换成世界坐标系
12	InverseTransformPoint	将一个位置从世界坐标系转换成局部坐标系
13	TransformPoint	将一个位置从局部坐标系转换成世界坐标系

5. 2. 4　常用类简述

5. 2. 4. 1　MonoBehaviour 类

（1）概述。MonoBehaviour 是 Unity 中每个脚本的基类，因此创建任意 C#脚本时，默认继承自该类，且必须显式继承。此外，只有在 MonoBehaviour 有 Start（），Awake（），Update（），FixedUpdate（）和 OnGUI（）方法时显示，没有这些方法时则隐藏。

（2）继承关系：

MonoBehaviour: Behaviour: Component: Object

（3）常用字段：

useGUILayout：禁用此项，将会跳过 GUILayout 布局。

（4）常用方法：

1）Invoke：在 time 秒后，延迟调用方法 methodName。

2）StartCoroutine：开始协同程序。

5. 2. 4. 2　Component 类

（1）概述。Components 是所有附件到游戏对象的基类，一般不直接创建此组件，而是通过上述的 MonoBehaviour 类具体实现。

（2）继承关系：

Component: Object

（3）常用字段：

1）animation：附加到此游戏对象的 Animation（如无附加则为空）。

2）audio：附加到此游戏对象的 AudioSource（如无附加则为空）。

3）camera：附加到此游戏对象的 Camera（如无附加则为空）。

4）collider：附加到此游戏对象的 Collider（如无附加则为空）。

5）gameObject：组件附加的游戏对象。

6）renderer：附加到此游戏对象 Renderer 组件（如果没有则为空）。

7）rigidbody：附加到此游戏对象 Rigidbody 组件（如果没有则为空）。

8）transform：附加到此游戏对象 Transform 组件（如果没有则为空）。

5. 2. 4. 3　GameObject 类

（1）概述。GameObject 是 Unity 中场景里面所有实体的基类，它可以是空对象，也可以是一个相机，一个灯光，或者一个简单的模型。

（2）继承关系：

GameObject: Object

（3）常用字段：

1）scene：场景物体。

2）tag：游戏对象的标签。

（4）常用方法：

1）AddComponent：添加一个名称为 className 的组件到游戏对象。

2）SetActive：启用/停用游戏对象。

5.2.4.4　Behaviour 类

（1）概述。Behaviour 是 Unity 中可以被启用或禁用的组件。

（2）继承关系：

Behaviour: Component: Object

（3）常用字段：

1）enabled：启用行为将被更新，禁用行为将不更新。

2）isActiveAndEnabled：该 Behaviour 行为是否已经被启用。

5.2.4.5　Input 类

（1）概述。Input 是输入系统的接口，用于读取用户的键盘、鼠标等输入信息。

（2）继承关系：

Input: Object

（3）常用字段：

1）mouseScrollDelta：当前鼠标滚动增量。

2）anyKey：当前是否有任意键或鼠标键被按下。

3）mousePosition：在屏幕坐标空间当前鼠标的位置。

（4）常用方法：

1）GetAxis：根据 axisName 名称返回虚拟输入轴中的值。

2）GetButton：当由按钮 name 确定的虚拟按键被按下时，返回 true。

3）GetKey：当用户按下由 name 名称确定的按键时，返回 true。

4）GetMouseButton：当指定的鼠标按钮被按下时返回 true。

处理用户的输入是游戏交互的基础，常见的输入有键盘、鼠标和其他外部设备。Unity 3D 提供了非常易用和强大的输入类，支持键盘、鼠标等常规输入，也支持在 iOS、Android 等移动设备的触摸输入，还支持在特殊设备上的输入与控制，如 HTC 手柄、zSpace 操控笔、HoloLens 手势、语音、凝视等。

5.2.5　鼠标输入

在桌面系统中，鼠标是最基本的输入方式之一，常用的相关事件包括移动、按键（左中右）等，相关操作封装在 Input 类中。

在 Unity 3D 中，鼠标按下和抬起的位置可以通过 Input. mousePosition 来表示，左下角为坐标（0，0），右上角最大值为（Screen. width，Screen. height），其中 Screen. width 为屏幕分辨率宽度，Screen. height 为高度。

GetMouseButtonDown、GetMouseButtonUp、GetMouseButton 均需要输入整型参数，其中 0，1，2 分别对应左、右、中键。其中 GetMouseButton 是每一帧鼠标处于按下状态都会返回 true；GetMouseButtonDown 是当鼠标按下的那一帧返回 true；GetMouseButtonUp 是鼠标抬起的那一帧返回 true。下面以具体示例进行说明：

```
void Update ( ){
    if ( Input. GetMouseButton ( 0 ) )
        print ( "左键被按下（GetMouseButton)" ) ;
    if ( Input. GetMouseButtonDown ( 0 ) )
        print ( "左键被按下（GetMouseButtonDown)" ) ;
    if ( Input. GetMouseButtonUp ( 1 ) )
        print ( "右键被弹起" ) ;
    if ( Input. GetMouseButtonUp ( 2 ) )
        print ( "中键弹起时鼠标的位置:" + Input. mousePosition ) ;
}
```

上述代码用于监听鼠标左键、右键、中键的按键情况和鼠标所在位置，运行结果如图 5-11 所示。

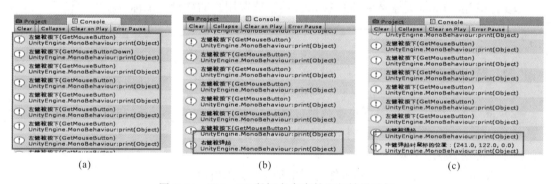

图 5-11　Unity 3D 鼠标点击事件运行结果示例

图 5-11（a）为演示 GetMouseButton、GetMouseButtonDown 区别的运行结果，二者都可以监听鼠标按下的事件，其中 GetMouseButtonDown 仅监听按下的一帧，因此只打印一次，而 GetMouseButton 在每一帧都返回，因此打印多次。图 5-11（b）为演示 GetMouse-ButtonUp 的监听情况，输入参数为 1 时，表示右键被弹起时执行。图 5-11（c）用于利用 mousePosition 输出鼠标当前位置。

5.2.6　键盘输入

键盘是另一种最基本的输入方式之一，它包括按键的按下、抬起和长按等情形。可以通过按键的名称或编码来判断具体的按键，部分按键及其对应的 KeyCode 如表 5-4 所示。

表 5-4　部分按键及其对应的 **KeyCode**

序号	键盘按键	KeyCode
1	字母键 A、B···Z	A、B···Z
2	数字键 0-9	Alpha0-Alpha9
3	功能键 F1~F12	F1~F12
4	退格键	Backspace
5	Delete 键	Delete
6	Tab 键	Tab
7	Clear 键	Clear
8	回车键	Return
9	暂停键	Pause
10	ESC 键	Escape
11	空格键	Space
12	小键盘 "."	KeypadPeriod
13	小键盘 "/"	KeypadDivide
14	小键盘 " * "	KeypadMultiply
15	小键盘 "-"	KeypadMinus
16	小键盘 "+"	KeypadPlus
17	小键盘 "Enter"	KeypadEnter
18	小键盘 "="	KeypadEquals
19	上下左右方向键	UpArrow、DownArrow、RightArrow、LeftArrow
20	Insert 键	Insert
21	Home 键	Home
22	End 键	End
23	翻页键	PageUp、PageDown
24	！键	Exclaim
25	双引号键	DoubleQuote
26	左右 Shift 键	LeftShift、RightShift
27	左右 Alt 键	LeftAlt、RightAlt
28	左右 Ctrl 键	LeftCtrl、RightCtrl
29	不按任何键	None

　　以上仅列出部分键及其对应的 KeyCode，如果需要获取其他键的编码，在脚本中增加
OnGUI 方法，并输入以下代码：

```
void OnGUI（）{
    if（Input. anyKeyDown）// 当有键按下时返回 true
    {
```

```
        Event e = Event. current; // 获取当前事件
        if (e. isKey){
            if (e. keyCode！= KeyCode. None) //排除未按键情况
print ("按键 KeyCode 为:" + e. keyCode);
}}}
```

上述示例代码中，if (e. keyCode！= KeyCode. None) 目的是在控制台不显示 None 的情况（否则，不按键会显示"按键 KeyCode 为：None"）。

5. 2. 7　Unity 3D 调用 Web Service 服务

Unity 3D 中调用 Web Service 与 Visual Studio 中的步骤不同，它需要借助于 VS 工具生成客户类，并且需要相关的 dll 文件。本节讲解调用第 4 章发布 Web Service 服务（图 4-12）的具体步骤。

（1）复制 Unity 3D 安装目录下的 system. web. dll、system. web. services. dll 两个文件到 Unity 工程的 Assets/Plugins 目录下，假设 Unity 安装在 C 盘，则两个 dll 文件的参考路径为：C：\ Program Files \ Unity \ Editor \ Data \ Mono \ lib \ mono \ 2. 0。

（2）在开始菜单打开 Visual Studio 自带的命令提示工具"VS2015 x86 本机工具命令提示符"，输入命令格式"wsdl wsdl 对应的 URL 地址"，此时，会自动生成 CheckUserWeb-Service. cs 文件，即 CheckUserWebService 类，如图 5-12 所示。

图 5-12　Visual Studio 工具生成 Web Service 客户端类

（3）将图 5-12 创建的文件 HoloLensControlService. cs 复制到 Unity 3D 工程中，添加 UGUI 按钮，并在 Start () 方法中绑定按钮点击方法 btnCallWSClick ()，通过如下代码实现对 Web Service 的调用。

```
private void btnCallWSClick (){
    // 实例化由 VS 工具产生的类 CheckUserWebService
    CheckUserWebService service = new CheckUserWebService ();
    // 调用 Web Service 服务端方法 CheckUser
    bool isRight = service. CheckUser ("admin", "123456");
    print ("用户名和密码均正确的情况下，CheckUser 返回值为:" +isRight);
    isRight = service. CheckUser ("admin", "12345");
    print ("密码错误的情况下，CheckUser 返回值为:" +isRight);
}
```

5.3　Unity 3D 物理引擎

　　Unity 3D 物理引擎是指通过为刚性物体赋予真实的物理属性的方式来模仿真实世界中的物体碰撞、跌落等反应，也就是说，让游戏对象具有真实物理对象的属性。在 Unity 3D 5.6 中，物理引擎包括 Rigidbody（刚体）、Character Controller（角色控制器）、Collider（碰撞器/碰撞体）、Cloth（布料）、Joint（关节）、Constant Force（恒力）等，如图 5-13 所示。

图 5-13　Unity 3D 物理引擎菜单项

5.3.1　Rigidbody（刚体）

　　刚体是指在运动中和受到力的作用后，形状和大小不变，而且内部各点的相对位置不变的物体，各参数的基本含义如下：

　　（1）Mass（质量）：表示物体的质量，数值类型为 float，默认值为 1，官方给出的建议是场景中的物体质量最好不要相差 100 倍率以上。

　　（2）Drag（阻力）：指对象平移运动时受到的空气阻力，数值类型为 float，初始值为 0，0 表示不受阻力，这个值越大越难移动，如果设置成极大值，物体会立即停止移动。

　　（3）Angular Drag（角阻力）：指对象扭转运动时受到的空气阻力，数值类型为 float，初始值为 0.05，0 表示不受阻力，这个值越大越难移动，如果设置成极大值，物体会立即停止旋转。

　　（4）Use Gravity（使用重力）：勾选此项，游戏对象就会受到重力影响，数据类型是 boolean，初始值为 true。

　　（5）Is Kinematic（是否动态）：勾选此项会使游戏对象不受物理引擎的影响，数据类型是 boolean，初始值为 false，此时只能通过 Transform 属性来对其进行操作，该方式适用于模拟平台的移动或带有铰链关节链刚体的动画。

　　（6）Interplate（差值类型）：表示的是该物体运动的插值模式，默认状态下被禁用，如果刚体移动不平滑，使用此属性，它有 3 个选项可供选择：

1）None（无差值）：不使用差值平滑。

2）Interpolate（差值）：根据上一帧来平滑移动。

3）Extrapolate（推算）：根据推算下一帧物体的位置来平滑移动。

（7）Collision Detection（碰撞检测方式）：用于控制避免高速运动的游戏对象穿过其他对象而未发生碰撞，有3项可供选择：

1）Discrete（离散碰撞检测）：该模式与场景中其他的所有碰撞体进行碰撞检测，是默认的碰撞检测方式。

2）Continuous（连续碰撞检测）：该模式用于检测与动态碰撞体（带有 Rigidbody）的碰撞，使用连续碰撞检测模式来检测与网格碰撞体（不带 Rig）的碰撞。

3）Continuous Dynamic（动态连续碰撞检测）：该模式用于检测与采用连续碰撞模式或连续动态碰撞模式对象的碰撞。

（8）Constraints（约束）：对刚体运动的约束，包括位置约束和旋转约束，可以对物体在 X、Y、Z 三个方向上的位置/旋转进行锁定，即使受到相应的力也不会改变，但可以通过脚本来修改。

5.3.2　Character Controller（角色控制器）

该物理引擎主要用于第三人称或第一人称游戏主角的控制，并不使用刚体物理效果，各参数的基本含义如下：

（1）Slope Limit（坡度限制）：设置所控制的游戏对象只能爬上角度小于或等于该参数值的斜坡倾角。

（2）Step Offset（台阶高度）：设置所控制的游戏对象可以迈上的最高台阶的高度。

（3）Skin Width（皮肤厚度）：该参数决定两个碰撞体可以相互参入的深度，较大的参数值会产生抖动现象，较小的参数值会导致游戏对象被卡住，较为合理的值一般为半径的 10%。

（4）Min Move Distance（最小移动距离）：当所控制的游戏对象的移动距离小于该值时游戏对象将不会移动，这样可避免抖动，多数情况下将该值设为 0。

（5）Center（中心）：该参数决定胶囊碰撞体与所控制的游戏对象的相对位置，并不影响所控制的角色对象的中心坐标。

（6）Radius（半径）：胶囊体碰撞的长度半径，同时该项也决定碰撞体的半径。

（7）Height（高度）：用于设置所控制的角色对象的胶囊体碰撞体的高度，改变此值将会使碰撞体沿着 Y 轴的正负两个方向同时伸缩。

5.3.3　Collider（碰撞器/碰撞体）

Collider 要与 Rigibody 一起添加到游戏对象上才能触发碰撞，都没有添加碰撞体的两个刚体会彼此穿过，不会发生碰撞。

5.3.3.1　Box Collider（盒形碰撞体）

Box Collider 为一个立方体外形碰撞体，是最常见的碰撞体，它的大小可以调整，常常用于盒状物体、箱子、墙壁、门、墙以及平台等，各参数的基本含义如下：

（1）Is Trigger（触发器）：勾选该项，则该碰撞体可用于触发事件，并将被物理引擎所忽略。

（2）Material（材质）：为碰撞体设置不同类型的材质。

（3）Center（中心）：碰撞体在对象局部坐标中的位置。

（4）Size（大小）：碰撞体在 X、Y、Z 方向上的大小。

5.3.3.2　Sphere Collider（球形碰撞体）

Sphere Collider 是一个基于球体的基本碰撞体，Sphere Collider 的三维大小可以按同一比例调节，但不能单独调节某个坐标轴方向的大小。Sphere Collider 包含 Is Trigger、Material、Center、Radius（设置球形碰撞体的半径）等参数。

5.3.3.3　Capsule Collider（胶囊碰撞体）

Capsule Collider 由一个圆柱体和两个半球组合而成，Capsule Collider 的半径和高度都可以单独调节，可用在角色控制器或与其他不规则形状的碰撞结合来使用，部分参数的基本含义如下：

（1）Height（高度）：用于设定碰撞体中圆柱的高度。

（2）Direction（方向）：用于设定在对象的局部坐标中胶囊体的纵向所对应的坐标轴，默认是 Y 轴。

5.3.3.4　Mesh Collider（网格碰撞体）

根据 Mesh 形状产生碰撞体，比起 Box Collider、Sphere Collider 和 Capsule Collider，Mesh Collider 更加精确，但会占用更多的系统资源，一般用于复杂网格所生成的模型，部分参数的基本含义如下：

（1）Convex（凸起）：勾选此项，则 Mesh Collider 将会与其他的 Mesh Collider 发生碰撞。

（2）Mesh（网格）：获取游戏对象的网格并将其作为碰撞体。

5.3.3.5　Wheel Collider（车轮碰撞体）

车轮碰撞体是一种针对地面车辆的特殊碰撞体，它包含内置的碰撞检测、车轮物理系统及有滑胎摩擦的参考体。除了车轮，该碰撞体也可用于其他的游戏对象，部分参数的基本含义如下：

（1）Wheel Damping Rate（车轮减震率）：用于设置碰撞体的减震率。

（2）Suspension Distance（悬挂距离）：该项用于设定碰撞体悬挂的最大伸展距离，按照局部坐标来计算，悬挂总是通过其局部坐标的 Y 轴向下延伸。

（3）Suspension Spring（悬挂弹簧）：用于设定碰撞体通过添加弹簧和阻尼外力使得悬挂达到目标位置。

（4）Forward Friction（向前摩擦力）：当轮胎向前滚动时的摩擦力属性。

（5）Sideways Friction（侧向摩擦力）：当轮胎侧向滚动时的摩擦力属性。

5.3.4　Cloth（布料）

从 Unity 5 开始，将 SkinnedCloth 和 Interactive Cloth 进行合并，它可以为游戏开发者提供一个更快、更稳定的角色布料解决方法，部分参数的基本含义如下：

（1）Stretching Stiffness（拉伸刚度）：用于设定布料的抗拉伸程度，默认值为 1。

（2）Bending Stiffness（弯曲刚度）：用于设定布料的抗弯曲程度，默认值为 0。

（3）Use Tethers（使用约束）：用于开启约束功能，默认开启。

（4）Use Gravity（使用重力）：用于开启重力对布料的影响，默认开启。

（5）Damping（阻尼）：用于设定布料运动时的阻尼值，默认为 0。

（6）External Acceleration（外部加速度）：用于设置布料上的外部加速度，X、Y、Z 方向上默认值为 0。

（7）Random Acceleration（随机加速度）：用于设置布料上的外部随机加速度，X、Y、Z 方向上默认初始值为 0。

（8）World Velocity Scale（世界速度比例）：用于设置角色在世界空间的运动速度对于布料顶点的影响程度，数值越大，则布料对角色在世界空间运动的反应就越剧烈，此参数也决定了蒙皮布料的空气阻力，默认初始值为 0.5。

（9）World Acceleration Scale（世界加速度比例）：用于设置角色在世界空间的运动加速度对于布料顶点的影响程度，数值越大，则布料对角色在世界空间运动的反应就越剧烈。如果布料显得比较硬，可以增大此值，否则减小此值，默认初始值为 1。

（10）Friction（摩擦力）：用于设置布料的摩擦力值，默认初始值为 0.5。

（11）Collision Mass Scale（大规模碰撞）：用于设置增加的碰撞粒子质量，默认初始值为 0。

（12）Use Continuous Collision（使用持续碰撞）：用于减少直接穿透碰撞的概率，默认开启。

（13）Use Virtual Particles（使用虚拟粒子）：用于为提高稳定性而增加虚拟粒子，默认开启。

（14）Solver Frequency（求解频率）：用于设置每秒的求解频率。

（15）Sleep Threshold（静止阈值）：用于设定速度低于多少就停止的阈值。

5.3.5　Joint（关节）

Unity 3D 关节用于连接 2 个或多个对象，形成某种整体，共分为 5 大类，分别为 Hinge Joint（铰接关节）、Fixed Joint（固定关节）、Spring Joint（弹簧关节）、Character Joint（角色关节）和 Configurable Joint（可配置关节）。

5.3.5.1　Hinge Joint（铰接关节）

铰接关节由两个游戏对象的刚体组成，该关节会对刚体进行约束，使它们就好像被连接在一个铰链上一样运动，它适用对门、链条、钟摆等物体的模拟。当两个物体以铰接的形式绑在一起时，当力量大于链条的固定力矩时，两个物体就会产生相互的拉力。它的参数基本含义如下：

（1）Connected Body（连接的刚体）：用于为关节指定要连接的物体（该物体必须包含刚体组件），可以直接从 Hierarchy 视图中拖动，若不指定则默认该关节与世界相连。

（2）Anchor（锚点）：用于设置刚体围绕锚点进行摆动的位置，该值应用于局部坐标系中（也就是物体自己的坐标系），默认值为（0，0.5，0）。

（3）Axis（轴）：用于设定刚体摆动的方向，该值同样应用于局部坐标系，默认值为（1，0，0）。

（4）Auto Configure Connected Anchor：自动设置连接锚点，选中该项，连接锚点会自动设置，默认开启。

（5）Connected Anchor（连接锚点）：当 Auto Configure Connected Anchor 选项开启时，该项会自动设置（无法手动更改）；当 Auto Configure Connected Anchor 未开启时，可以手动设置连接锚点。

（6）Use Spring（使用弹簧）：该项选中时，弹簧会使刚体与其相连的物体形成一个特定的角度，默认不开启。

（7）Spring（弹簧）：当 Use Spring 开启时此属性有效，它包括 3 个子项：

1）Spring（弹簧力），用于设置推动对象使其移动到相应位置的作用力。

2）Damper（阻尼），用于设置对象的阻尼值，数值越大则对象移动得越慢。

3）Target Position（目标角度），用于设置弹簧的目标角度，弹簧会拉向此角度，以度为测量单位。

（8）Use Motor（使用发动机）：选中该项时，发动机会使对象发生旋转。

（9）Motor（发动机）：当 Use Motor 开启时此属性有效，它包括 3 个子项：

1）Target Velocity（目标速度），用于设置对象预期达到的速度值。

2）Force（作用力），用于设置为了达到目标速度而施加在对象上的作用力大小。

3）Free Spin（自由转动），选中该项，则发动机永远不会停止，并且对象旋转会越来越快。

（10）Use Limits（使用限制）：选中该项时，则铰链的角度将被限定在最大值和最小值之间。

（11）Limits（限制）：当 Use Limits 开启时此属性有效，它包括 5 个子项：

1）Min（最小值），用于设置铰链能达到的最小角度，默认为 0。

2）Max（最大值），用于设置铰链能达到的最大角度，默认为 0。

3）Bounciness（反弹力），用于设置当对象触到的反弹值，默认为 0。

4）Bounce Min Velocity（最小撞击速度），用于设置导致关节反弹的最小撞击速度。

5）Contact Distance（接触距离），用于控制关节的抖动，默认为 0。

（12）Break Force（断开力）：用于设置铰链关节断开的作用力大小，Infinity 代表无限大。

（13）Break Torque（断开扭矩）：用于设置断开铰接关节所需要的扭矩大小，Infinity 代表无限大。

（14）Enable Collision（启用碰撞）：选中此项时，关节之间也会检测碰撞，默认不开启。

（15）Enable Preprocessing（启用预处理）：用于设定启用预处理实现关节的稳定，默认开启。

5.3.5.2 Fixed Joint（固定关节）

固定关节组件用于约束一个游戏对象对另一个游戏对象的运动，它适用于以下的情形：当希望将对象较容易与另一个对象分开时或者连接两个没有父子关系的物体使其一起运动时，使用固定关节的对象自身需要有刚体组件。固定关节组件的参数较少，且全部在铰接关节中出现，此处不再重复介绍。

5.3.5.3 Spring Joint（弹簧关节）

弹簧关节组件可以将两个刚体连接在一起，使其像连接着弹簧那样运动，它允许一个带刚体的对象被拉向一个指定的目标位置，这个目标可以是另一个对象或者世界，而当游戏对象离目标位置越来越远时，弹簧关节会对其施加一个作用力使其回到初起时的位置。它的部分参数的基本含义如下（与铰接关节相同的不再介绍）：

（1）Min Distance（最小距离）：用于设置弹簧启用的最小距离值。如果两个物体之间的距离与初始距离的差大于该值，则不会开启弹簧。

（2）Max Distance（最大距离）：用于设置弹簧启用的最大距离值。如果两个物体之间的距离与初始距离的差小于该值，则不会开启弹簧。

（3）Tolerance（容忍度）：用于设置弹簧能容忍的最大力，一旦超过此值，弹簧就会被破坏，不再具有弹性，默认值为 0.025。

5.3.5.4 Character Joint（角色关节）

角色关节主要用于表现布娃娃效果，它是扩展的球关节，可以用于限制关节在不同旋转轴下的旋转角度，它提供了很多可能性用于约束通用关节的运动。

（1）Swing Axis（摆动轴）：用于设置角色关节的摆动轴。

（2）Twist Limit Spring（弹簧扭曲限制）：用于设置弹簧的扭曲限制，它包括 2 个子项。

1）Spring：用于设置角色关节扭曲的弹簧强度。

2）Damper：用于设置角色关节扭曲的阻尼值。

（3）Low Twist Limit（扭曲下限）：用于设置角色关节扭曲的下限，它包括 3 个子项。

1）Limit：用于设置角色关节扭曲的下限值。

2）Bounciness：用于设置角色关节扭曲下限的反弹值。

3）Contact Distance：用于避免抖动而限制的接触距离。

（4）High Twist Limit（扭曲上限）：用于设置角色关节扭曲的上限，子项参数功能与 Low Twist Limit 类似。

（5）Swing Limit Spring（摆动限制弹簧）：用于限制弹簧的摆动，它包括 2 个子项。

1）Spring：用于限制弹簧的强度限制。

2）Damper：用于设置弹簧的限制阻尼。

（6）Swing 1 Limit（摆动限制）：用于设置摆动，子项参数功能与 Low Twist Limit 类似。

（7）Swing 2 Limit（摆动限制）：用于设置摆动，子项参数功能与 Low Twist Limit 类似。

（8）Enable Projection（启用投影）：用于激活投影，默认不开启。

（9）Projection Distance（投影距离）：用于设置当对象与其连接刚体的距离超过投影距离时，该对象会回到适当的位置，默认值为 0.1。

（10）Projection Angle（投影角度）：用于设置当对象与其连接刚体的角度超过投影角度时，该对象会回到适当的位置，默认值为 180。

5.3.5.5　Configurable Joint（可配置关节）

可配置关节组件是一个非常灵活的关节，用户完全控制旋转和线性运动，也就是说，它支持用户自定义关节，因此可以像其他类型的关节一样来创造各种行为。可配置关节中有两类主要的功能：一是针对移动或旋转的限制，二是针对移动或旋转加速度。

（1）Secondary Axis（辅助轴）：用于定义关节的局部坐标系，第三个轴设置为与其他两个轴正交。

（2）XMotion（X 运动）：允许沿 X 轴的移动为"自由"（Free）、完全"锁定"（Locked）或"受限"（Limited），具体取决于线性限制（Linear Limit）。

（3）YMotion、ZMotion 与 XMotion 类似。

（4）Angular XMotion（X 角运动）：允许围绕 X 轴的旋转为"自由"（Free）、完全"锁定"（Locked）或"受限"（Limited），具体取决于 X 角下限（Low Angular XLimit）和 X 角上限（High Angular XLimit）。

（5）Angular YMotion、Angular ZMotion 与 Angular XMotion 类似。

（6）Linear Limit（线性限制）：用于基于相对于关节（Joint）原点的距离定义移动限制的边界。

（7）Low Angular XLimit（X 角下限）：用于基于相对于原始旋转的差值定义旋转下限的边界，High Angular XLimit 等其他参数功能与此类似。

（8）Target Position（目标位置）：用于设定关节应移动到的位置，默认值为（0，0，0）。

（9）Target Velocity（目标速率）：用于设定关节移动时应采用的所需速率，默认值为（0，0，0）。

5.3.6　Constant Force（恒力）

Constant Force 是一个小的物理工具类，用于给物体一个恒定的力，因此，根据牛顿第二定律 $F = ma$，物体的速度在开始时不大，但是随着时间的推移会逐步变大，它包含 4 个参数，具体如下：

（1）Force（力）：用于设置世界坐标系中使用的扭矩力。

（2）Relative Force（相对力）：用于设置在物体局部坐标系中使用的力。

（3）Torque（扭矩）：用于设置在世界坐标系中使用的扭矩力。

（4）Relative Torque（相对扭矩）：用于设置在物体局部坐标系中使用的扭矩力。

5.4　Unity 3D UI 开发

5.4.1　UI 概述

User Interface，简称 UI，翻译为用户接口或用户界面，是指通过软件与用户进行交互，实现或达到用户的某种需求。Unity 3D UI 开发常用的有 3 种，分别为 Unity 原生态 GUI、UGUI、NGUI。

在 Unity 4.6 版本之前采用原生态 GUI 系统，在此系统中，除了 GUIText、GUITexture 和 3D Text 可以在编辑器中直接编辑外，其他的常用控件如 Label、Button 等都只能通过类 GUI 或 GUILayout 的静态成员方法（GUI. Label、GUILayout. Button）在脚本中添加，当控件较多时或布局比较复杂时就会非常繁琐。因此，许多开发者借助第三方 GUI 插件，如 NGUI 来完成复杂的 GUI 设计。

NGUI 是严格遵循 KISS 原则并用 C#编写的 Unity（适用于专业版和免费版）插件，提供强大的 UI 系统和事件通知框架。它可以直接在编辑器中创建、更新/修改纹理地图集，或从 Texture Packer 程序导入纹理地图集；支持光照贴图、法线贴图、折射等特性；支持硬边或柔性的面板裁剪；支持灵活尺寸的表格，能够自动对控件进行排列；提供大量有用的辅助脚本，从改变按钮颜色到拖拽对象。

从 Unity 4.6 开始，Unity 在支持原生态 GUI 的基础上，又重新设计了 GUI 系统，称为 UGUI，它借鉴了 NGUI 思想，将所有的对象（Unity 称之为 UIElement）都放在 Canvas 中，它的实现是在一个独立的程序集 UnityEngine. UI. dll 中，在脚本中使用 UGUI 类时需要额外导入 UnityEngine. UI 命名空间。

目前市面上绝大部分 Unity 开发的游戏中都是使用 UGUI 或 NGUI 作为其 GUI 系统，前者是 Unity 官方自带并且长期维护的，后者在 UGUI 没有出现时就已经诞生。这两款 GUI 系统各有千秋，两者都提供了一些基础组件，但是在游戏开发过程中，出于美观或性能考虑，如翻书效果、图文混排、滚动效果、虚拟列表等，UGUI 或 NGUI 支持效果不太好，有此类需求的读者可以考虑使用 UnityUIExtensions、Doozy UI、FairyGUI 等插件。

5.4.2　文本组件

文本框用于显示或输入文字信息，原生态 GUI 和 UGUI 均支持文本组件，前者包括 Label、TextArea、TextField、PasswordField；后者包括 Text、InputField。上述控件使用方式大体相同，且功能及名称与 C# WinForm、Java Swing 等窗体程序类似，下面主要以原生态 GUI 的 Label 控件和 UGUI 采用 Text 控件为例进行说明，有兴趣的读者可以自学其他组件。

5.4.2.1　Label 控件

Label 控件适合用来显示文本信息或图片，它不直接响应鼠标或键盘消息，它通过 Label 方法实现显示和定位，共重载了 6 个方法，分别为：

（1）public static void Label（Rect position, string text）；

（2）public static void Label（Rect position, Texture image）；

（3）public static void Label（Rect position, GUIContent content）；

（4）public static void Label（Rect position，string text，GUIStyle style）；

（5）public static void Label（Rect position，Texture image，GUIStyle style）；

（6）public static void Label（Rect position，GUIContent content，GUIStyle style）。

各参数的含义为：

（1）position：Rect 类型，用于指定控件所在位置，四个值分别对应起点 x 坐标、起点 y 坐标、标签宽度、标签高度。

（2）text：String 类型，用于显示在标签上文本内容。

（3）image：Texture 类型，用于显示标签上的纹理。

（4）content：GUIContent 类型，用于在标签上显示的文本、图片和信息提示。

（5）style：GUIStyle，用于设定样式，如果不使用，则标签的样式为当前的 GUISkin 皮肤。

创建 Label 控件的具体步骤如下：

（1）创建 C#脚本 GUILabelDemo。

（2）在脚本中录入如下代码：

```
privatevoid OnGUI（）
{
    // 实例化 Rect，并指定起始点和宽度、高度
    Rect rect = new Rect（10，20，100，30）；
    // 在场景中加入 Label 控件，位置为 rect 范围，文本内容为 HelloWorld
    GUI. Label（rect,"HelloWorld"）；
}
```

上述代码中，方法名称必须为 OnGUI，且为 void 型。方法中，首先生成 Rect 实例，用于指定文本框起始点和宽度、高度，然后利用 Label 构造方法生成标签。

（3）将 GUILabelDemo 脚本拖到 Main Camera 上进行绑定，运行 Unity 3D，结果如图 5-14 所示。

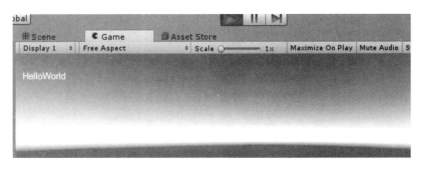

图 5-14　Unity 3D Label 控件运行示例

5.4.2.2　UGUI Text 控件

在 UGUI 中，采用 Text 控件产生文本框，使用步骤为：

（1）依次点击菜单项 "GameObject" "UI" "Text"，Unity 会自动在 "Hierarchy" 面板中生成 Canvas 和 Text，如图 5-15 所示。

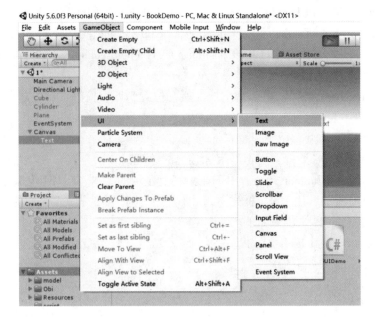

图 5-15　Unity 3D 生成 Text 步骤和结果

（2）点击"Hierarchy"面板中的"Text"，查看"Inspector"面板，如图 5-16 所示。

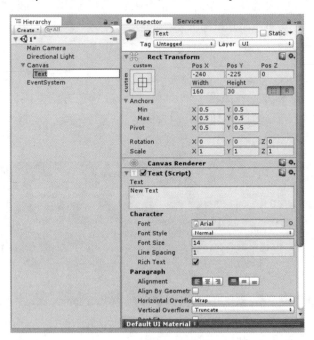

图 5-16　Unity 3D Text 的属性

（3）在"Inspector"面板展示了 Text 的属性，主要包括名称、Rect Transform（位置）、Rotation（旋转）、Scale（放大缩小比例）、Text（文本内容）、Character（字体）、Paragraph（段落）、Color（颜色）、Material（材质）等，其中 Character 包括字体类型、大

小、样式等，与其他软件功能类似，此处不再多说。这里重点介绍材质的应用。

Material（材质）是指物体的质地，包括色彩、纹理、光滑度、透明度、反射率、折射率、发光度等。默认材质存放在"Project"面板的"Favorites""All Materials"中，如图 5-17 所示。

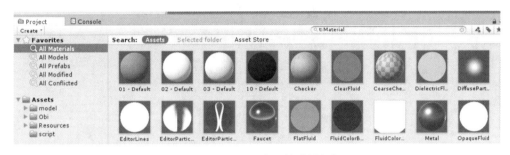

图 5-17　Unity 3D 默认材质所在位置

也可以在"Project"面板中 create（创建）材质，材质的主要属性如下：

1）Shader（着色器）：比较常用、根据不同的需求可能定制出不同的 Shader 来。

2）Rendering Mode（呈现模式）：呈现模式有 4 种，Opque（不透明）为一种默认的呈现方式；Cutout（剪裁模式）会像剪物品一下裁剪出不透明的部分，实际上是去掉透明通道；Fade（淡入淡出）用于更改颜色值中的透明度；Transparent（透明）可以让物体变透明，但是需要设置 Metalic 属性为 0。

3）Albedo 基础贴图：用于设定材质的颜色。

4）Metallic 金属：使用金属特性模拟外观。

5）Smoothness 光滑度：用于设置物体表面的光滑程度。

6）Normal Map 法线贴图：用于描述物体表面的凹凸程度。

7）Emission 自发光：用于控制物体表面自发光的颜色和贴图，默认不启用。

8）Tiling 平铺：沿着不同的 XY 轴，纹理平铺个数。

（4）在"Inspector"面板中，将 Text 改成"Hello Text"，并拖动"01-Default"到 Text 的"Material"方框处，注意拖动前，鼠标选中"01-Default"后不要抬起，否则会变成选中"01-Default"状态，如图 5-18 所示。

（5）双击"Hierarchy"的 Canvas 组件，此时会在"scene"中显示白色矩形框，在"scene"中点击"2D"图标，使其变成选中状态（背景为白色），此时 canvas 的 base 矩形框会正对屏幕，该矩形框为 Unity 运行后显示范围，如图 5-19 所示。

（6）单击"Hierarchy"的 Text 组件，将其拖入图 5-19 的矩形框内。运行 Unity，结果如图 5-20 所示。

图 5-20 的运行结果与"01-Default"设定有关，读者如果不能得到上述结果，可能需要重新设定 Material 的 Shader（着色器）。

5.4.2.3　其他文本组件

原生态 GUI 创建 TextArea、TextField、PasswordField 的代码如下，请读者自行分析研究。

图 5-18　Unity 3D 修改文本框 Text 和材质

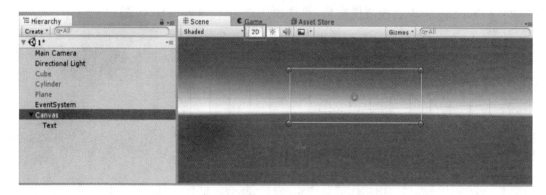

图 5-19　Unity 3D Canvas 所在区域

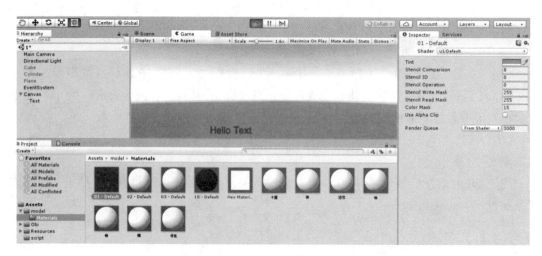

图 5-20　UGUI 文本框运行结果

```
privatevoid OnGUI（）
{
GUI. TextField（new Rect（150, 20, 100, 30），"Field"）;
    GUI. PasswordField（new Rect（280, 20, 100, 30），"pwd"，'*'）;
    GUI. TextArea（new Rect（330, 120, 100, 30），"area"）;
}
```

UGUI 添加 Input Field 的步骤为：在菜单项依次点击“GameObject”“UI”“Input Field”，或者在“Hierarchy”面板中，点击右键后依次选择“UI”“Input Field”。

5.4.3　按钮/Image 控件

按钮通常用于响应单击事件，有时候，为了增加显示效果，会将图片做成按钮效果，并响应点击事件，下面分别介绍 Button 按钮和 Image 控件。

5.4.3.1　原生态 GUI Button 按钮

原生态 GUI 的 button 按钮也重载了 6 个方法，不同的是，它返回 bool 型，具体如下：

（1）public static bool Button（Rect position, string text）;

（2）public static bool Button（Rect position, Texture image）;

（3）public static bool Button（Rect position, GUIContent content）;

（4）public static bool Button（Rect position, string text, GUIStyle style）;

（5）public static bool Button（Rect position, Texture image, GUIStyle style）;

（6）public static bool Button（Rect position, GUIContent content, GUIStyle style）。

当按钮被点击时，返回 true，否则返回 false，示例代码如下：

```
privatevoid OnGUI（）
{
    // 实例化 Rect，并指定起始点和宽度、高度
    Rect rect = new Rect（10, 20, 100, 30）;
    // 在场景中加入 Label 控件，位置为 rect 范围，文本内容为 HelloWorld
    GUI. Label（rect,"HelloWorld"）;
    // 按钮 1 的 Rect 范围
    rect = new Rect（10, 50, 50, 20）;
    if（GUI. Button（rect，"按钮 1"））
        print（"按钮 1 被点击"）;
    // 按钮 2 的 Rect 范围
    rect = new Rect（10, 80, 50, 20）;
    if（GUI. Button（rect，"按钮 2"））
        print（"按钮 2 被点击"）;
}
```

5.4.3.2　UGUI Button 按钮

UGUI 按钮可以通过菜单“GameObject”“UI”“Button”进行添加，它同样位于

Canvas 之中。将按钮点击与方法绑定可以采用可视化拖拽操作方式、AddListener 监听回调、EventTrigger、UIEventListener 通用类等多种方式，本文首先介绍 AddListener 回调方法，有兴趣的读者可以研究其他方式，使用步骤如下：

（1）向 Unity 3D 中添加 UGUI 按钮，并设置唯一的名称，如图 5-21 所示。

图 5-21　Unity 3D 添加 UGUI 按钮

（2）仿照上述方法，将 Text 的名称改为 Text1。

（3）添加 C#脚本类 GUIDemo，引用命名空间 UnityEngine. UI。

（4）创建监听实现方法 Button1Click（），并在 Start 初始化绑定，代码如下：

```
using UnityEngine. UI;
public class GUIDemo : MonoBehaviour {
    // Use this for initialization
    void Start () {
GameObject. Find ("Button1"). GetComponent<Button> (). onClick. AddListener (Btn1Click);}
    void Btn1Click () {print ("Image 被点击");
}}
```

上述代码中，GameObject. Find（"Button1"）用于查找名称为 Button1 的 Game Object 对象，GetComponent<Button>为查找 Button 控件，onClick 为事件属性，AddListener 为回调绑定，Btn1Click 为绑定的方法名称，也是点击按钮后真正执行的代码。

（5）运行 Unity 3D，点击按钮，在 Text 文本框中显示"Button1 被点击 1"。

5.4.3.3　UGUI Image 控件

除了普通按钮可以响应单击事件外，开发过程中，通常还会将图片做成按钮样式，并响应点击，以下是 UGUI Image 创建与响应步骤：

（1）在菜单中，依次点击"GameObject""UI""Image"，添加 Image 控件。

（2）创建 C#脚本，或者在之前的 GUIDemo 类中增加方法，注意方法必须为 public（公有类型），代码如下：

```
public void ImageClick ()
{GameObject. Find ("Text1"). GetComponent<Text> (). text = "Image 被点击";}
```

（3）在 Windows 中寻找合适的图片拖至 Unity 3D 的"Project"面板中，参考路径为"Assets/Resources/image"。

（4）点击选中拖入的图片，查看"Inspector"面板，将"Texture Type"改成"Sprite（2D and UI）"，如图 5-22 所示。

图 5-22　Unity 3D 修改图片 Texture Type 属性

（5）在"Hierarchy"面板中，点击选中拖入的 Image 控件，点击"Add Component"按钮，添加"Event Trigger"组件，如图 5-23（a）所示；在"Event Trigger"组件中，点击"Add New Event Type"按钮，添加"PointerDown"事件类型，如图 5-23（b）所示；添加后结果如图 5-23（c）所示。

（6）将含有 Image 点击事件响应方法 ImageClick（）所在类加入或拖至 Image 控件上。

（7）点击选中拖入的 Image 控件，在"Event Trigger"组件中，点击如图 5-24（a）所示右下角的"+"图标，使出现"Image"且"No Function"可选，如图 5-24（b）所示。

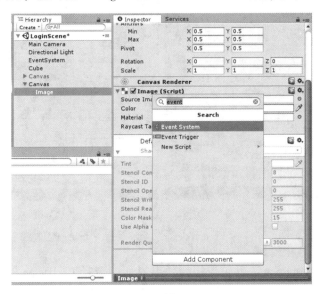

(a)

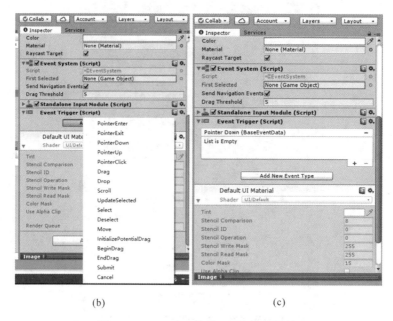

(b)　　　　　　　　　　　　　　　　(c)

图 5-23　Unity 3D 修改 Image 控件属性

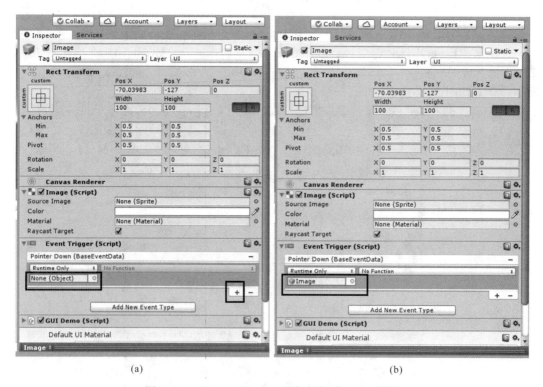

(a)　　　　　　　　　　　　　　　　(b)

图 5-24　"Event Trigger" 添加运行时 Image 控件

（8）点击 "No Function" 下拉按钮，弹出界面中选择 GUIDemo 的 ImageClick（）方法，如图 5-25（a）所示，方法绑定后如图 5-25（b）所示。

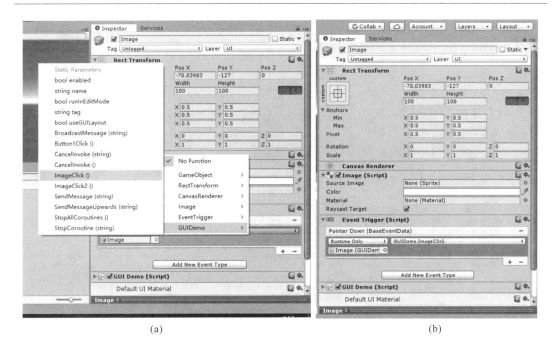

(a)　　　　　　　　　　　　　　　　　(b)

图 5-25　"Event Trigger"绑定 ImageClick( )方法

（9）将"Assets/Resources/image"路径下的图片文件拖到 Image 的"Source Image"中，如图 5-26 所示。

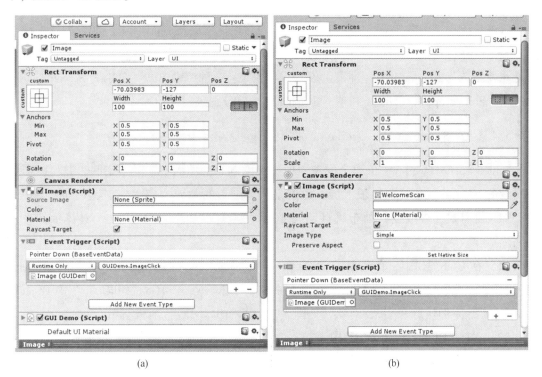

(a)　　　　　　　　　　　　　　　　　(b)

图 5-26　Unity 3D 将图片与 Image 控件绑定

（a）绑定前；（b）绑定后

（10）运行 Unity 3D，点击 Image 控件，会在"Console"面板显示"Image 被点击"，如图 5-27 所示。

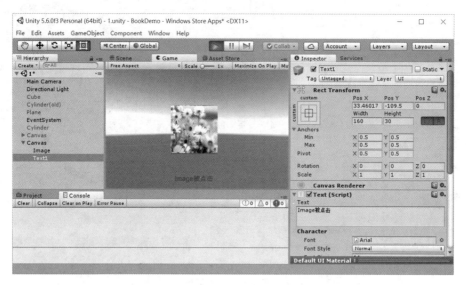

图 5-27　点击 Image 控件运行结果

5.4.4　Canvas 控件

Canvas 的中文名为画布，在 UGUI 中，创建的控件均放在 Canvas 下。如果场景中没有画布，那么在创建任何一个 UI 元素时，都会自动创建画布，并且将新元素置于其下，它的最重要参数为 RenderMode，即渲染模式，该模式有 3 种渲染方式，分别为 Screen Space-Overlay、Screen Space-Camera 和 World Space，下面分别进行介绍。

5.4.4.1　Screen Space-Overlay（屏幕空间覆盖模式）

Screen Space-Overlay（屏幕空间覆盖模式）的画布会填满整个屏幕空间，并将画布中的所有的 UI 元素置于屏幕的最上层，也就是说，画布的画面"覆盖"其他普通的 3D 画面，如果屏幕尺寸被改变，画布将自动改变尺寸来匹配屏幕。下面以一个具体示例进行说明。

（1）在 Unity 3D 中，在菜单项依次点击"GameObject""UI""Image"，添加 Image UGUI 控件，此时会自动创建 Canvas 画布；在菜单项依次点击"GameObject""3D Object""Cylinder"，添加任意一个 3D 对象，如图 5-28 中"Hierarchy"面板所示。

（2）在"Hierarchy"面板中点击 Canvas，在"Inspector"面板中点击"Add Component"按钮，如图 5-29 所示。

（3）添加任意图片至"Project"面板的"Assets \ Resources"路径下（本书名称为 Welcome. jpg），点击 Welcome. jpg 文件，在"Inspector"面板中，设置"Texture Type"

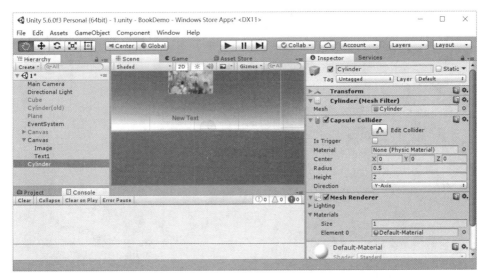

图 5-28　在 Unity 3D 中添加 Canvas 和圆柱体对象

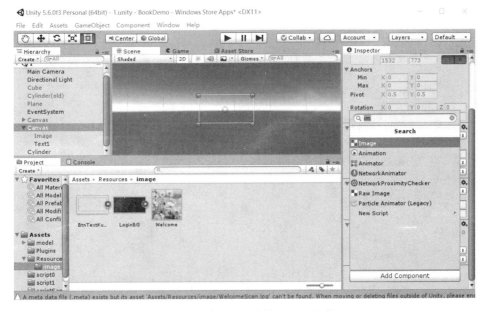

图 5-29　为 Canvas 添加 Image 组件

为"Sprite（2D and UI）"，如图 5-30 所示。

（4）在"Hierarchy"选中 Canvas，将"Project"面板中 Welcome.jpg（鼠标按下不要抬起）拖至"Inspector"面板的 Image 组件"Source Image"上，此时场景中的 Canvas 会显示 Welcome.jpg 图片，如图 5-31 所示。

（5）在"Hierarchy"面板中，双击 Cylinder 圆柱体，使得在场景中显示圆柱体，随后点击 Main Camera，接着在菜单项依次点击"GameObject""Align With View"，将圆柱体对

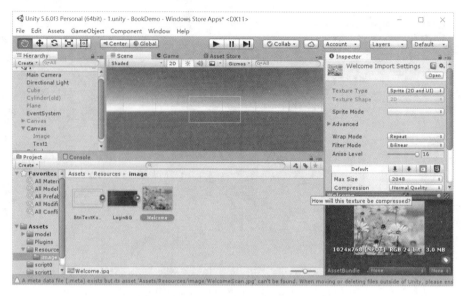

图 5-30　Unity 3D 设置图片纹理类型

图 5-31　将 Canvas 背景设置为 Welcome. jpg

齐到场景中，如图 5-32 所示。

（6）点击选中 Canvas，将 RenderMode 选为 Screen Space-Overlay，并运行 Unity 3D，结果如图 5-33 所示。

（7）从上述的运行结果可以看出，Canvas 填充了整个场景，且圆柱体看不到，这说明 Screen Space-Overlay 模式为填充且覆盖其他 3D 元素。

5.4.4.2　Screen Space-Camera（屏幕空间摄影机模式）

Screen Space-Camera 和 Screen Space-Overlay 模式类似，画布也是填满整个屏幕空间，

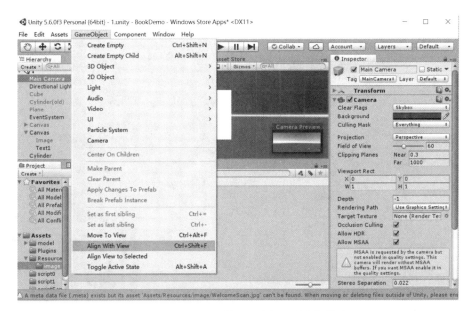

图 5-32　Unity 3D 将 3D 元素显示在场景中

图 5-33　Canvas 的 RenderMode 选为 Screen Space-Overlay

如果屏幕尺寸改变，画布也会自动改变尺寸来匹配屏幕。所不同的是，当 Canvas 和 3D 元素使用同一个摄像机渲染时，元素是否被覆盖由 Z 轴的值决定，下面继续上例进行说明。

（1）点选 Canvas，将 RenderMode 选为 Screen Space-Camera，将"Hierarchy"面板的 Main Camera 拖至"Inspector"面板 Canvas 组件的 Render Camera 上，从而保证场景中各元素使用同一个摄像机进行渲染，如图 5-34 所示。

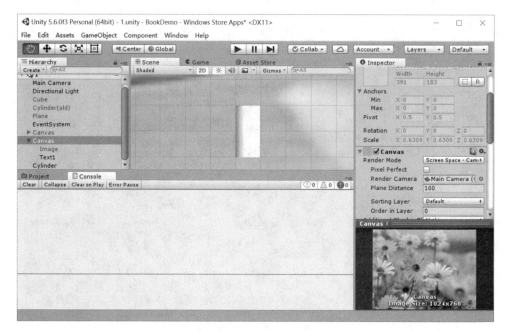

图 5-34　设置 Canvas 的渲染模式和相机

（2）观察 Canvas 的 "Inspector" 面板 Rect Transform 的 Pos Z 值（291.9167），再观察 Cylinder 的 "Inspector" 面板 Rect Transform 的 Pos Z 值（200），如图 5-35 所示。

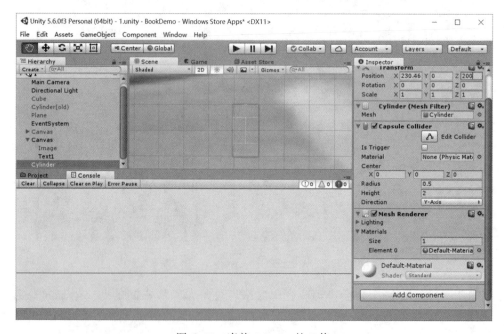

图 5-35　当前 Cylinder 的 Z 值

（3）运行 Unity 3D，观察圆柱体是否可见，将圆柱体的 Z 值改成 300（大于 291.9167 即可），再次观察圆柱体是否可见，结果如图 5-36 所示。

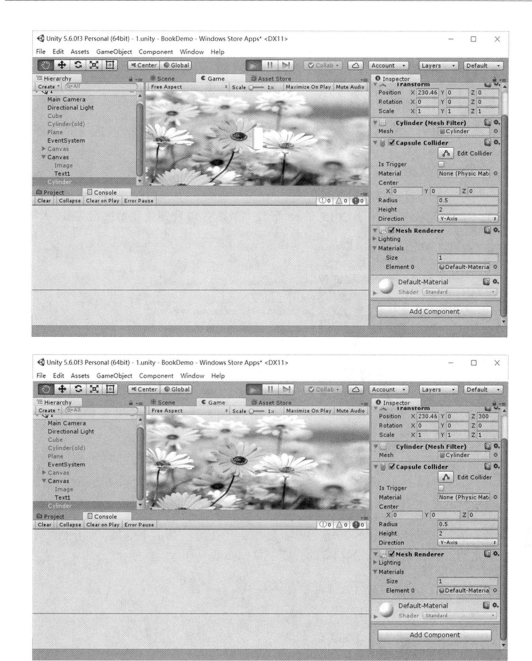

图 5-36　Cylinder 不同 Z 轴的运行结果

5.4.4.3　World Space（世界空间模式）

在 World Space（世界空间模式）下，画布被视为与场景中其他普通对象的性质相同，也就是一个普通物体，所有的 UI 元素可能位于普通 3D 物体的前面或者后面显示，当 UI 为场景的一部分时，可以采用此模式。

5.5　Unity 3D 常用插件工具

5.5.1　VS for Unity 调试工具

调试是程序开发过程中必不可少的工作，当变量较多且经常变化时，一时难以发现错误，通常需要通过增加断点的方式捕捉程序运行时的详细过程，只有这样，才能准确把握程序运行细节，从而找出问题或"bug"所在。

Unity 3D 由于使用 C#等第三方脚本语言开发，所以不能直接调试，需要借助于相关插件才能调试，微软官方可以免费下载支持 Unity 3D 调试的 VS 插件，也可以通过搜索网站进行查找，文件名称诸如 VSTU 2015. msi，下载完成后，以管理员身份进行安装，安装首页如图 5-37 所示。

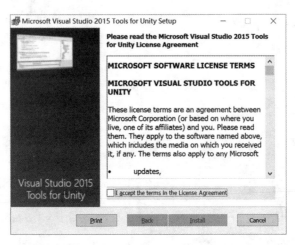

图 5-37　VS for Unity 调试工具安装过程首页

安装完成后，重新打开 VS 2015 等开发环境，会在调试菜单中增加，如图 5-38（a）所示，在运行工具栏中也会增加相应的快捷工具，如图 5-38（b）所示。

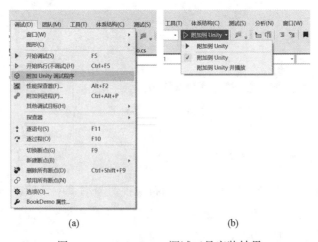

（a）　　　　　　　　　　　（b）

图 5-38　VS for Unity 调试工具安装结果

下面介绍利用 VS for Unity 调试工具进行 Unity 3D 开发调试的详细步骤。

（1）打开 Image 响应单击事件的代码，在 ImageClick（）方法前后增加如下代码，如图 5-39（a）所示。

（2）在 VS 的最左侧列中，点击鼠标左键加入断点，如图 5-39（b）所示（本例在第 25 行加断点）。

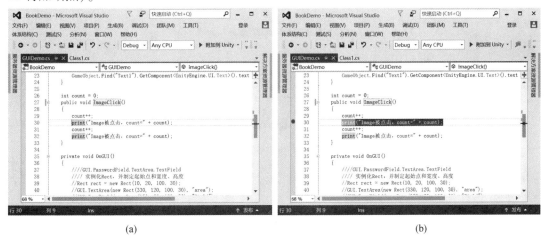

(a)　　　　　　　　　　　　　　　(b)

图 5-39　VS for Unity 调试示例代码

（3）依次点击菜单栏"调试""附件 Unity 调试进程"，在弹出的"选择 Unity 实例"中选择对应的 Unity 项目，点击"确定"按钮，如图 5-40 所示。

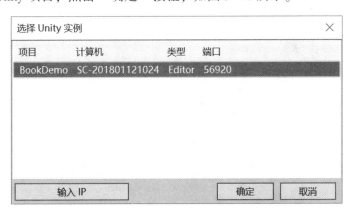

图 5-40　VS for Unity 调试选择 Unity 实例界面

（4）运行 Unity，点击 Image，此时会进入 VS 断点，如图 5-41 所示。

（5）进入断点后，Unity 3D 运行暂停，此时可以在 VS 中查看变量 count 的值，还可以"逐语句""逐过程""跳出"等方式执行，这些操作步骤与一般的调试过程无异，本书不再过多介绍。

5.5.2　DOTween 插件

DOTween 是 Unity 3D 开发过程中常用的插件，功能也比较强大，可以在官网上免费下载和升级，下面首先讲解 DOTween 的下载和升级，然后讲解几个较常见的应用。

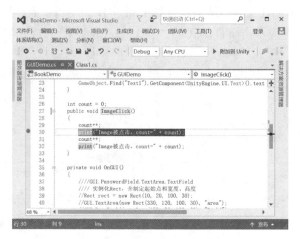

图 5-41　VS for Unity 调试工具进入断点

5.5.2.1　DOTween 安装

DOTween 分为付费和免费两种，读者可以根据自己的实际情况下载，具体安装步骤如下。

（1）打开 Unity 3D，在菜单项依次选择 "Windows" "Asset Store"，如图 5-42 所示。

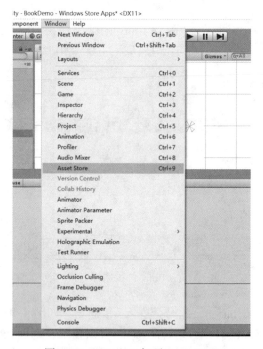

图 5-42　Unity 3D 打开 Asset Store

（2）在打开的 Asset Store 中搜索 DOTween，选择合适的版本，本书选择免费（free）版进行讲解，如图 5-43 所示。

（3）选择 free 版，点击进入下载页面，下载后继续点击 "导入"，将插件加入到 Unity 3D 中，如图 5-44 所示。

图 5-43　Asset Store 检索 DOTween 结果

图 5-44　Unity 3D 中导入 DOTween 插件

（4）导入完成后，在弹出的页面中选择"Setup DOTween…"，安装 DoTween，安装完成后，会在 Unity 多一个 Tools 菜单，并且包含"Demigiant""DOTween Utility Panel"子项，如图 5-45 所示。

（5）在 DOTween 面板中，点击"Check Updates"按钮，可以升级现有版本，如图 5-46 所示。

（6）点击"确定"按钮，进入 DOTween 官方下载主页，下载最新版本 v1.2.420，如图 5-47 所示。

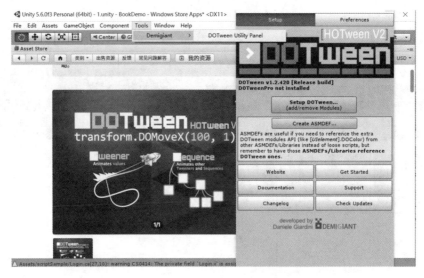

图 5-45　DOTween 安装完成后增加的菜单

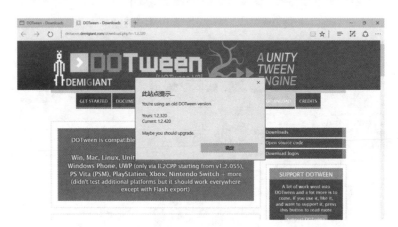

图 5-46　DOTween 需要升级提示

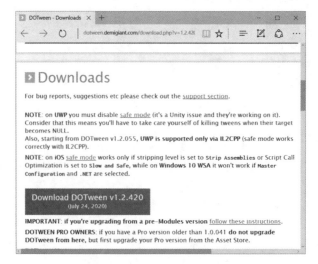

图 5-47　DOTween 最新版官方下载页面

（7）下载完成后，在 Windows 资源管理器中替换现有的文件夹，再次点击"Check Updates"按钮检查更新，系统会弹出已经是最新版本的提示，如图 5-48 所示。

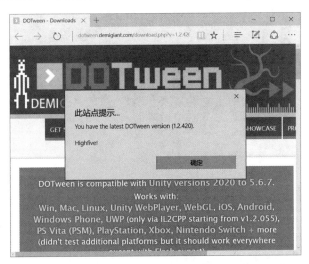

图 5-48　DOTween 最新版本提示

至此，已经完成 DOTween 的下载与升级，下面介绍 DOTween 插件的几个常见应用。

5.5.2.2　DOTween 基本应用

DOTween 使用前，需要引用 DG. Tweening 命名空间（using DG. Tweening;），它的基本应用包括移动、旋转、缩放、振动等，下面分别进行介绍。

A　DOTween 物体移动

可以利用 transform 调整物理的移动和持续时间，代码如下：

```
void Start ( ) {
    // 定义新位置坐标
    Vector3 v = new Vector3 (5, 5, 1);
    // 经过 5 秒后到达新位置
    transform. DOMove (v, 5);
}
```

上述代码中，第一个参数为 Vector 类型，它定义了物体新的位置，第二个参数为持续时间，因此上述代码的含义时，系统运行后，经过 5s，关联的物体到达（5，5，1）的位置，如图 5-49 所示。

图 5-49（a）为 Unity 3D 启动前的位置（0，0，0），图 5-49（b）为执行 DOTween 完成后的位置（5，5，1）。

B　旋　转

DOTween 旋转的方法是 DORotate，使用方式与移动类似，第一个参数为旋转的角度，第二个参数为持续时长。

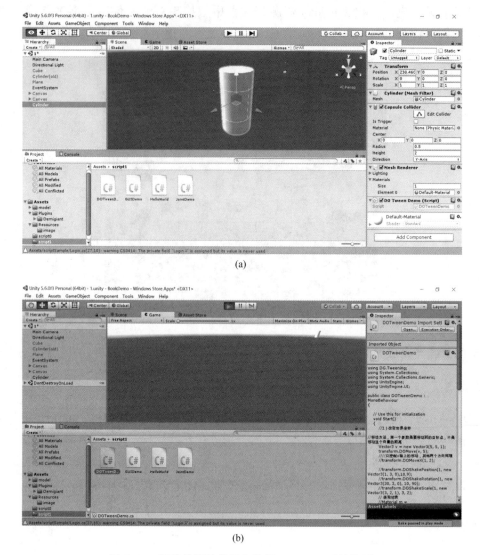

图 5-49 圆柱体原始位置和执行 DOTween 后的位置

// 经过 5 秒，transform 的 rotation 值为（90, 0, 45）

transform. DORotate（new Vector3（90, 0, 45），5）；

C 缩放

DOTween 旋转的方法是 DOScale，使用方式与移动类似，第一个参数为缩放倍数，第二个参数为持续时长。

// 经过 5 秒，transform 的 X、Y、Z 方向上的值均为原来的 5 倍

transform. DOScale（new Vector3（5, 5, 5），2）；

D 振动

振动有 3 个方法，分别为 DOShakePosition、DOShakeRotation、DOShakeScale，分别用

于设定位置、旋转、缩放的振动，每个方法包含 4 个参数，分别表示振动时间、强度、次数和随机方向，代码如下：

```
transform. DOShakePosition（1，new Vector3（1，3，0），10，9）；
transform. DOShakeRotation（1，new Vector3（30，3，0），10，90）；
transform. DOShakeScale（1，new Vector3（3，2，1），3，2）；
```

E　抖动

抖动与振动类似，也包括 3 个方法，分别为 DOPunchPosition、DOPunchRotation、DOPunchScale，分别用于设定位置、旋转、缩放的抖动，4 个参数的含义分别为抖动方向、时间、次数、回弹的幅度，代码如下：

```
transform. DOPunchPosition（Vector3. up，5，2，0f）；
transform. DOPunchRotation（Vector3. left，5，2，0.5f）；
transform. DOPunchScale（Vector3. right，5，2，1f）；
```

抖动的第 4 个参数的值在 0~1 之间，以 position 为例，当 elascity 为 0 时，物体就在起始点和目标点之间运动；当 elascity 不为 0 时，会自动计算，并产生一个反向点，数值越大方向点离的越远。

F　颜色

DOTween 设定颜色的方法为 DOColor，它包含 2 个参数，第一个参数为目标颜色，第二个参数为持续时间，代码如下：

```
// 获取材质
Material m = GetComponent<MeshRenderer>（）. material；
// 5 秒后颜色变红色
m. DOColor（Color. red，5）；
```

5.5.2.3　DOTween 基于 Sequence 的动画

DOTween 可以通过 Sequence 序列的方式实现动画，序列不需要一个接一个延续，因此可以无层数限制地被嵌套在任意序列，它的主要方法如下。

（1）Sequence（）　静态方法，返回一个新的空序列。

（2）Append（Tween tween）　添加一个动画到序列末尾。

（3）AppendCallback（TweenCallback cb）　添加回调函数到序列末尾。

（4）AppeedInterval（float interval）　添加一段空时间到序列末尾。

（5）Insert（float time，Tween tween）　插入一段动画到指定时间。

（6）InsertCallback（float time，TweenCallback cb）　插入回调函数到序列指定时间。

（7）Join（Tween tween）　插入动画与序列最后一个动画同时播放。

需要注意的是，以上方法只能在序列刚被创建之后执行或者当序列暂停时执行，否则无效。另外，无限循环的动画是不能被加入到序列中的。下面以一个示例进行说明，在 Unity 3D 中添加一个 Text 的 UGUI 控件，输入如下代码：

```
public void Seq (Text text)
    {
            Transform rt = text. transform;
            Color color = text. color;
            color. a = 0; //将字体透明
            text. color = color;
            //创建空序列
            Sequence seq = DOTween. Sequence ();
            //创建向上移动的第一个动画
            Tweener move1 = rt. DOMoveY (rt. position. y + 15, 0. 5f);
            //创建向上移动的第二个动画
            Tweener move2 = rt. DOMoveY (rt. position. y + 25, 0. 5f);
            //创建 Alpha 由 0 到 1 渐变的动画
            Tweener a1 = text. DOColor (new Color (color. r, color. g, color. b, 1), 3f);
            //创建 Alpha 由 1 到 0 渐变的动画
            Tweener a2 = text. DOColor (new Color (color. r, color. g, color. b, 0), 3f);
            //添加向上移动的动画
            seq. Append (move1);
执行 Alpha 由 0 到 1 渐变的动画
            seq. Join (a1);
//延迟 2 秒
            seq. AppendInterval (2);
            // 添加向上移动的动画
            seq. Append (move2);
            // 执行 Alpha 由 1 到 0 渐变的动画
            seq. Join (a2);
    }
    public void Update ()
    {
            // UGUI 的文本框名称为 Text1
            Seq (GameObject. Find ("Text1"). GetComponent<Text> ());
    }
```

5.5.2.4　DOTween 基于 DOTween Path 的可视化编辑动画

　　DOTween 路径动画可以通过可视化的方式对物体的运行路径进行设定，它支持世界坐标和局部坐标，下面介绍利用 DOTween Path 规划物体运动路径。

　　（1）在 Unity 3D 中添加物体 cylinder，并添加 DOTween Path 组件，如图 5-50 所示。

　　（2）DOTween Path 组件添加后，在"Tween Options"中，选中"AutoPlay"和"AutoKill"（选中时背景为绿色，未选中为灰色），前者表示动画自动开始，后者表示自动结束；在"Duration"中设定值为 5，表示持续 5 秒钟；在"Loops"输入 3，表示循环 3 次，"Restart"表示每次都重新开始，如图 5-51 所示。

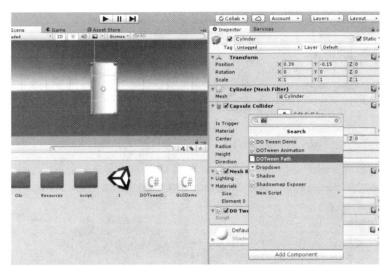

图 5-50　Unity 3D 中给物体添加 DOTween Path 组件

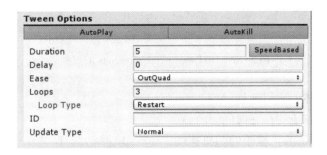

图 5-51　DOTween 中设定 Tween Options 值

（3）在 Waypoints 中点击加号，输入或拖动物体的位置，如图 5-52 所示。

（4）运行 Unity 3D，圆柱体就可以根据图 5-52 设定的 Waypoints 的点进行运动，并且运行 3 次，持续 5 秒。

5.5.3　Obi 插件

Obi Fluid 是一个使用粒子的物理效果来模拟液体流动效果的插件，详细使用手册请参考网站 http://obi.virtualmethodstudio.com/tutorials/fluidsetup.html。插件下载后可以导入或拖动到 Asset 中，下面介绍其核心组件和使用方法。

5.5.3.1　Obi Emitter（粒子发生器）

（1）Solver：添加一个计算方式，必须添加。

（2）Collision Material：碰撞材质设置。

（3）Emitter Material：发射材质效果设置。

（4）Num Particles：共发射的粒子数量，默认 1000 个，同时存在粒子尽量小于 200 个。

（5）World Velocity Scale：世界速度比例。

（6）Fluid Phase：流体分层默认为 1，越高的越在上面。

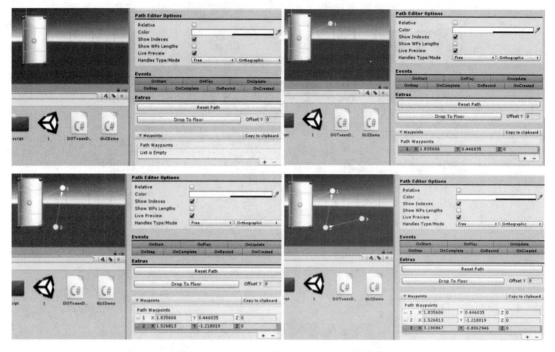

图 5-52　DOTween 增加 Waypoints 的过程

（7）Speed：流体的发射速度。

（8）Lifespan：粒子的存在时间。

（9）Random Velocity：粒子的随机速度，越大波动越大，控制在较小的范围可以模拟水流涌动效果。

5.5.3.2　发射器形状组件

Obi 插件发射器包括 Obi Emitter Shape Cube、Obi Emitter Shape Disk、Obi Emitter Shape Edge 等多种形状，分别表示长方体，圆形、边框，如图 5-53 所示。

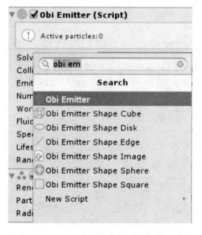

图 5-53　Obi 插件发射器形状组件

图 5-53 中的形状组件用于附加到 Obi Emitter 上，控制发射点的形状，上述形状不能同时使用，每种使用方法类似，下面列举两种组件的属性。

（1）Obi Emitter Shape Disk（圆形发射器）。

1）Radius：发射器半径。

2）Edge Emission：是否为边缘发射，默认向正前方发射，勾选后发射器为圆环型发射，圆环的半径为 Radius 设定的值。

（2）Obi Emitter Shape Cube（立方体发射器）。

1）Sampling Method：样本方式，包括 3 个属性，分别为 SURFACE、LAYER、FILL，用于控制立方体的填充方式。

2）Size：用于设定立方体的尺寸，子属性包括 X、Y、Z 值，分别设置各方向的值。

5.5.3.3 碰撞容器

碰撞容器能够与发射器的粒子产生碰撞，也可以作为存放的粒子容器，因此，该物体通常为碗、试管等，它必须包含 4 个组件，分别为：

（1）RigidBody：刚体，勾选 Is Kinematic，如果不勾选，需要将 Mass 属性值设定大值，否则可能因为粒子的碰撞导致容器歪倒或移动。

（2）Collider：碰撞组件，如果是 MeshCollider，需勾选 Convex。

（3）Obi Collider：该组件特有的粒子碰撞器，否则粒子会穿透容器。

（4）Obi Rigidbody：该组件特有的粒子碰撞器，Kinematic For Par 不能勾选，否则液体粒子穿透异常。

5.5.3.4 相机设置

相机上添加 Obi Fluid Renderer 组件，其中 Particle Renderer 配置 Obi Emitter，配置前，需要设定 Particle Renderers 的 Size 值，图 5-54 设定的 Size 值为 1，表示场景包含一个发生器。

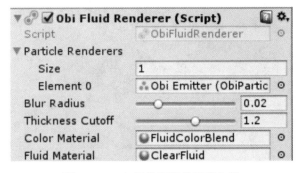

图 5-54 Obi 插件配置粒子发生器

5.5.3.5 Obi 应用案例

下面以一个具体的案例详细讲解 Obi 的使用方法，具体步骤如下：

（1）导入 Obi 插件。

（2）在 "Hierarchy" 面板中两个 Obi Emitter，添加 Obi Solver，并设定 Obi Particle Renderer 的 Particle Color 的颜色分别为红色和蓝色，分别增加 Obi Emitter Shape Cube 和

Obi Emitter Shape Disk 形状（Obi Emitter Shape Disk 默认增加）。

（3）在"Hierarchy"面板中增加 Plane 和 Cylinder，其中 Plane 作为平面用于放置 Cylinder，Cylinder 作为碰撞容器与粒子进行碰撞。

（4）在 Cylinder 增加 RigidBody（勾选 Is Kinematic）、Obi Collider、Obi Rigidbody 3 个组件。

（5）选中"Main Camera"，添加 Obi Fluid Renderer 组件，设定 Particle Renderers 的 Size 值为 2，并将 Obi Emitter 分别拖至对应的 Element 0 和 Element 1 上，如图 5-55 所示。

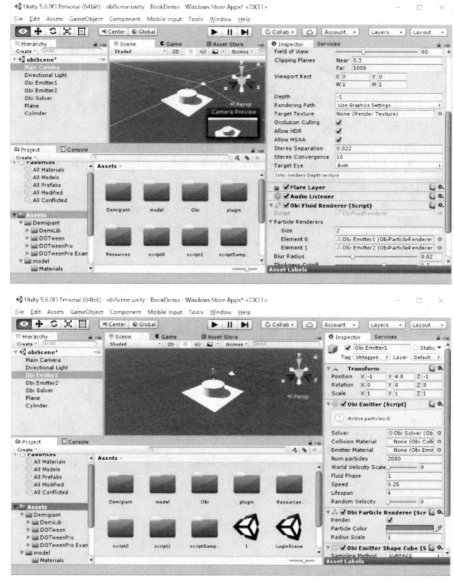

图 5-55　Obi 插件案例（运行前）

（6）运行 Unity 3D，两个 Obi Emitter 分别以红色、蓝色，正方体、圆形的方式向圆柱体发送粒子，效果如图 5-56 所示。

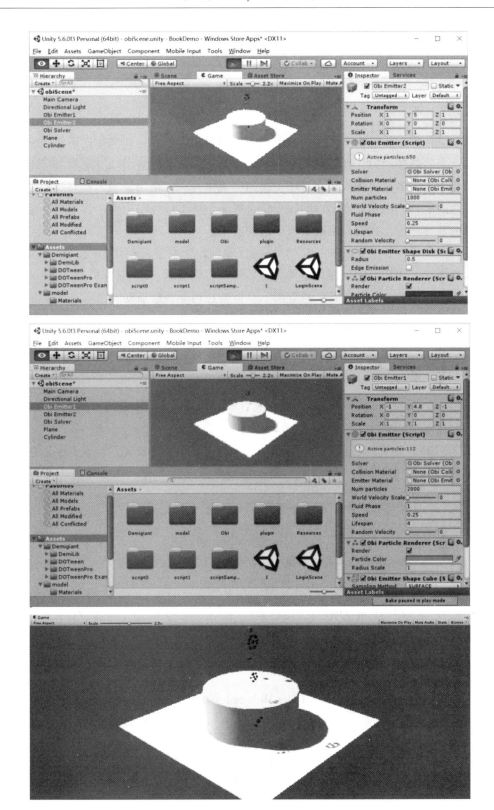

图 5-56　Obi 插件案例（运行后）

5.6　Unity 3D 开发示例

5.6.1　案例概述

5.6.1.1　案例背景及需求

齿轮泵是依靠泵缸与啮合齿轮间所形成的工作容积变化和移动来输送液体或使之增压的回转泵，当齿轮转动时，齿轮脱开侧的空间的体积从小变大后形成真空后将液体吸入，同时，齿轮啮合侧的空间体积从大变小，进而将液体压入管路中。吸入腔与排出腔靠两个齿轮的啮合线隔开，齿轮泵排出口的压力完全取决于泵出口处阻力值。齿轮泵是工程机械中最常见的部件之一，在液压系统中有广泛的应用。

为了巩固和提高前面介绍的 C#及 Unity 3D 等知识，本案例使用 Unity 3D 开发简易的齿轮泵示教系统，包括齿轮泵部分零件高亮显示、名称显示、齿轮转动、简易拆装等，满足齿轮泵的结构认知、部件讲解、原理展示、拆装技巧等教学活动。

5.6.1.2　示例主要功能

（1）鼠标缩放控制场景大小。利用鼠标的滚动事件拉近和远离场景，从而放大或缩小场景中的物体。

（2）键盘方向键移动场景物体。利用 A、S、D、W 分别对场景中的物体执行向左、下、右、上移动。

（3）零件高亮显示。当鼠标放在零件上，零件变成黄色，离开后恢复原来颜色。

（4）零件名称显示。利用 UGUI 的 Text 标签显示零件名称，显示位置与零件所在相一致。

（5）齿轮转动。利用 Transform 组件的 Rotation 属性对齿轮进行转动。

（6）坐标转换。实现世界坐标和屏幕坐标之间的转换。

（7）简易拆装。利用鼠标移动和重力感应实现对物体的移动。

（8）关节应用。限定并约束零件之间的关节关系。

5.6.1.3　关键模块与说明

根据上述分析，本案例共分主控制器、零件显示控制、摄像机控制器、关节管理和辅助模块等，各模块对应的类及主要功能如表 5-5 所示。

表 5-5　Unity 3D 案例主要模块及描述

序号	模块名称	模块对应类	模块功能描述
1	主控制器	MainControl	案例主要控制器，包括界面定制、鼠标控制、结构认知、工作原理等代码实现
2	零件显示控制	PartPrompt	用于零件的各种显示，包括悬停变色（高亮），零件名称提示，零件移动等
3	摄像机控制器	CameraControl	通过控制摄像机等载体实现场景变换，包括缩放、移动等

序号	模块名称	模块对应类	模块功能描述
4	关节管理	JointDemo	Unity 3D 各种关节应用方法
5	辅助模块	LogManager、Const	包括日志的输出、常量定义等

5.6.2　主控制器

案例主控制器由 MainControl 类完成，它与 Unity 3D 配合，实现页面的内容呈现、布局与定制，响应"首页""结构认知""工作原理""平面效果""拆卸练习"的按钮功能，代码如下：

```
public class MainControl ：MonoBehaviour
{
    public string btnText；
    private Color startColor；
    private MeshRenderer m_renderer；

    private bool rotating3d = false；// 齿轮泵整体旋转控制变量
    private bool rotating2d = false；// 平面图显示齿轮旋转控制变量

    // GameObject 变量
    private GameObject txtIntroduceGameObject；
    private GameObject gearPumpGameObject；
    private GameObject gearPump2GameObject；// 结构展示时复制出的一个
    private GameObject principle2dGameObject；//
    // Use this for initialization
    void Start （）
    {
        // "首页" 按钮绑定 BtnIntroduceClick 方法
        Button introduceButton = GameObject. Find （"btnIntroduce"）. GetComponent<Button> （）；
        introduceButton. onClick. AddListener （BtnIntroduceClick）；
        // "结构认知" 按钮绑定 BtnStrutureClick 方法
        Button strutureButton = GameObject. Find （"btnStruture"）. GetComponent<Button> （）；
        strutureButton. onClick. AddListener （BtnStrutureClick）；
        // "工作原理" 按钮 （齿轮泵整体旋转） 绑定 BtnPrinciple3dClick 方法
        Button p3dButton = GameObject. Find （"btnPrinciple3d"）. GetComponent<Button> （）；
        p3dButton. onClick. AddListener （BtnPrinciple3dClick）；
        // "平面效果" 按钮绑定 BtnPrinciple2dClick 方法
        Button p2dButton = GameObject. Find （"btnPrinciple2d"）. GetComponent<Button> （）；
        p2dButton. onClick. AddListener （BtnPrinciple2dClick）；
```

```
    // "拆卸练习"按钮绑定 btnDisembly 方法
    Button disemblyButton = GameObject. Find ("btnDisembly"). GetComponent<Button> ();
    disemblyButton. onClick. AddListener (BtnDisemblyClick);
    // 初始化颜色
    m_renderer = this. GetComponent<MeshRenderer> ();
    if (m_renderer ! = null)
        startColor = m_renderer. material. color;
    // 初始化 GameObject
    InitGameObject ();
}

/// <summary>
/// 拆卸练习
/// </summary>
private void BtnDisemblyClick ()
{
    PartPrompt. currentDisembly = 0;
    Const. SetGameObjectVisible ("DissemmblyPrompt", 1);
}

private void InitGameObject ()
{
    txtIntroduceGameObject = GameObject. Find ("txt 概述");
    gearPumpGameObject = GameObject. Find ("GearPump");
    gearPump2GameObject = GameObject. Find ("GearPump2");
    principle2dGameObject = GameObject. Find ("principle2d");
    // 默认点击"首页"按钮
    BtnIntroduceClick ();
}

/// <summary>
/// 首页
/// </summary>
void BtnIntroduceClick ()
{
    txtIntroduceGameObject. SetActive (true);
    gearPumpGameObject. SetActive (true);
    principle2dGameObject. SetActive (false);
    gearPump2GameObject. SetActive (false);
    HideParts (false);
    SetStrutctNameVisible (false);
```

```
        Const. SetGameObjectVisible ("table", 20);
        PartPrompt. currentDisembly = 0;
        Const. SetGameObjectVisible ("DissemmblyPrompt", 0);
    }

void SetStrutctNameVisible (bool visible)
{
    // 通过设置 scale 为 0，使得文字不可见
    foreach (GameObject strutctname in GameObject. FindObjectsOfType<GameObject> ())
    {
        if (strutctname. name. StartsWith ("name2"))
        {
            if (visible)
                strutctname. transform. localScale = new Vector3 (1, 1, 1);
            else
                strutctname. transform. localScale = new Vector3 (0, 0, 0);
        }
    }
}
/// <summary>
/// 旋转按钮 btnPrinciple
/// </summary>
public void BtnPrinciple3dClick ()
{
    gearPumpGameObject. SetActive (true);
    HideParts (true);
    principle2dGameObject. SetActive (false);
    SetStrutctNameVisible (false);
    rotating3d = true;
}
/// <summary>
/// 利用平面效果显示齿轮旋转
/// </summary>
public void BtnPrinciple2dClick ()
{
    GameObject. Find ("table"). transform. localScale = Const. GetVector (0);
    txtIntroduceGameObject. SetActive (false);
    gearPumpGameObject. SetActive (false);
    principle2dGameObject. SetActive (true);
    gearPump2GameObject. SetActive (false);
```

```
        SetStrutctNameVisible（false）；
        //HideParts（）；
        rotating2d = true；
    }

    /// <summary>
    /// 结构认知
    /// </summary>
    public void BtnStrutureClick（）
    {
        txtIntroduceGameObject. SetActive（false）；
        gearPumpGameObject. SetActive（false）；
        principle2dGameObject. SetActive（false）；
        gearPump2GameObject. SetActive（true）；
        // 通过设置 scale 为 0，使得文字不可见
        SetStrutctNameVisible（true）；
        GameObject. Find（"table"）. transform. localScale = Const. GetVector（0）；
        AddPartLabel（）；
    }

    /// <summary>
    /// 齿轮旋转实现方法，选择"齿轮 4" 和"齿轮 2"
    /// </summary>
    public void GearRotate3d（）
    {
        float zRotate1 = 3；
        float zRotate2 = -3；
        if（GameObject. Find（"齿轮 4"）= = null）
            return；
        Transform m_transform = GameObject. Find（"齿轮 4"）. transform；
        zRotate1 += 1；
        m_transform. Rotate（new Vector3（0, 0, zRotate1），Space. Self）；
        m_transform = GameObject. Find（"齿轮 1"）. transform；
        m_transform. Rotate（new Vector3（0, 0, zRotate1），Space. Self）；
        //m_transform. RotateAround（m_transform. position，m_transform. forward，zRotate1）；

        m_transform = GameObject. Find（"齿轮 3"）. transform；
        zRotate2 -= 1；

        m_transform. Rotate（new Vector3（0, 0, zRotate2），Space. Self）；
        m_transform = GameObject. Find（"齿轮 2"）. transform；
```

```
            m_transform. Rotate（new Vector3（0, 0, zRotate2）, Space. Self）;
    }
    public void GearRotate2d（）
    {
            float zRotate1 = -0. 1F;
            float zRotate2 = 0. 1F;
            if（GameObject. Find（"齿轮上"）= = null）
                return;
            Transform m_transform = GameObject. Find（"齿轮上"）. transform;
            zRotate1 -= 1;

            m_transform. Rotate（new Vector3（0, 0, zRotate1）, Space. Self）;
            //m_transform. RotateAround（m_transform. position, m_transform. forward, zRotate1）;

            m_transform = GameObject. Find（"齿轮下"）. transform;
            zRotate2 += 1;
            m_transform. Rotate（new Vector3（0, 0, zRotate2）, Space. Self）;
    }


    /// <summary>
    /// 隐藏部件；hide 为 true 时隐藏
    /// </summary>
    public void HideParts（bool hide）
    {
            string［］hidePartsArray = { "后盖","前盖","中盖 3","中盖 1","中盖 2","螺钉" };
            if（hide）
            {
                for（int i = 0; i < hidePartsArray. Length; i++）
                {
                        GameObject. Find（hidePartsArray［i］）. transform. localScale=
Const. GetVector（0）;
                }
            }
            else
            {
                for（int i = 0; i < hidePartsArray. Length; i++）
                {
                        GameObject. Find（hidePartsArray［i］）. transform. localScale=
Const. GetVector（1）;
```

```
        }
    }
}
// 根据零件的上方显示其名称
void AddPartLabel ()
{
    Transform m_transform = gearPump2GameObject. transform;
    // 获取子物体
    foreach (Transform child in m_transform)
    {
        string name2 = "name2" + child. name;
        GameObject obj = GameObject. Find (name2);
        if (obj == null)
        {
            obj = new GameObject ();
            obj. name = name2;
            obj. AddComponent<TextMesh> ();
        }
        Vector3 pos = child. transform. position;
        pos. y += 5;
        obj. GetComponent<TextMesh> (). transform. position = pos;
        obj. GetComponent<TextMesh> (). fontSize = 30;
        // 显示遍历的零件名称
        obj. GetComponent<TextMesh> (). text = child. name;
        obj. GetComponent<TextMesh> (). color = Color. blue;
    }
}
void Update ()
{
    if (rotating3d)
        GearRotate3d ();
    if (rotating2d)
        GearRotate2d ();
}
```

系统运行后，默认为首页界面，包括导航按钮、齿轮泵、概述等，如图 5-57 所示。

点击"结构认知"按钮后，界面中显示各零件的名称，对应方法为 AddPartLabel ()，显示效果如图 5-58 所示。

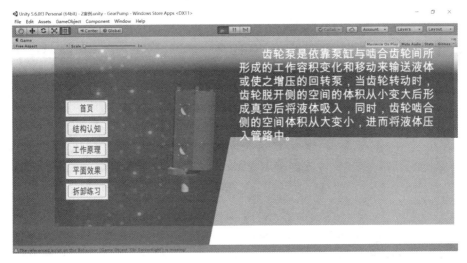

图 5-57　Unity 3D 案例"首页"显示效果

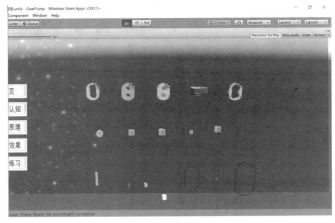

图 5-58　Unity 3D 案例"结构认知"显示效果

点击"工作原理"按钮后，系统会隐藏"后盖""前盖""螺钉"等外部零件，暴露出需要旋转的齿轮，具体实现方法为 GearRotate3d（），执行效果如图 5-59 所示。

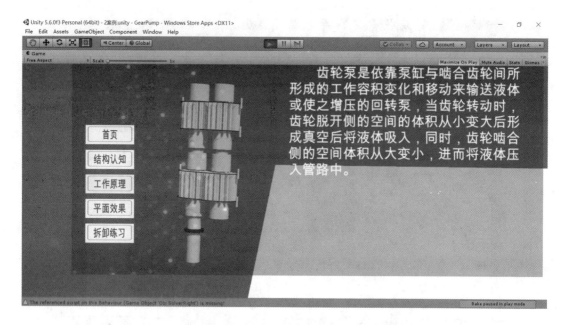

图 5-59　Unity 3D 案例"工作原理"显示效果

　　点击"平面效果"按钮后，系统以平面的效果，并结合 Obi 水流插件，显示齿轮泵的工作过程，具体实现方法为 GearRotate2d（），执行效果如图 5-60 所示。

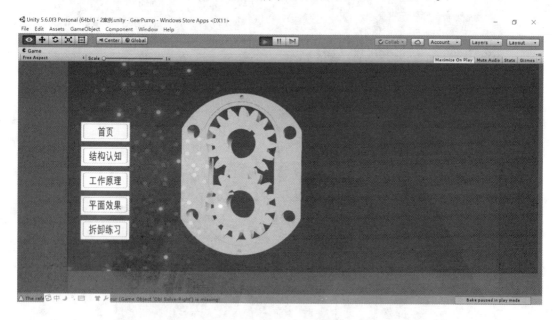

图 5-60　Unity 3D 案例"平面效果"显示效果

　　点击"拆卸练习"按钮后，系统进入拆卸齿轮泵的界面，此时左上角会提示下一个待拆零件名称，拖动零件后，可以放到 Plane 对象上。图 5-61（a）为拆掉后盖并放在 Plane 上的效果，图 5-61（b）为即将拖动"中盖 3"的效果。

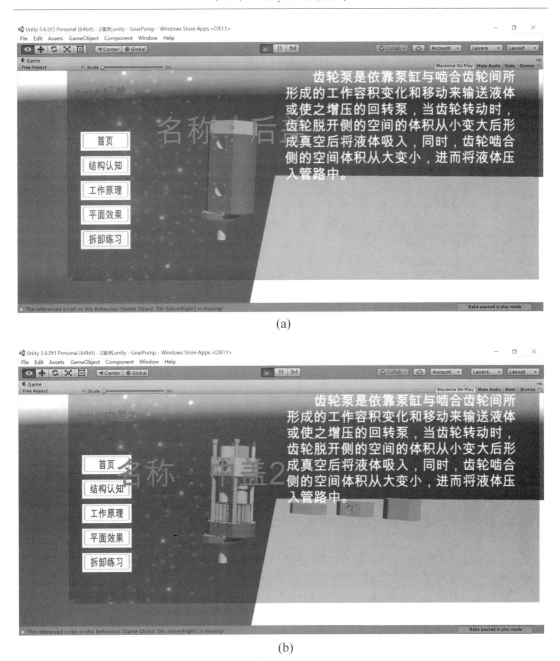

(a)

(b)

图 5-61　Unity 3D 案例"拆卸练习"显示效果

5.6.3　零件显示控制

零件显示控制器由 PartPrompt 类完成，实现鼠标悬停在零件上高亮（黄色）显示，悬停时显示零件的名称等功能，代码如下：

```
public class PartPrompt ：MonoBehaviour
{
```

```
public string btnText;
private Color startColor;
private MeshRenderer m_renderer;
// 当前将要被分解零件名称顺序（DissemmeblySeq 数组）
public static int currentDisembly;
// GameObject 变量
private GameObject partNameGameObject;
void Start ()
{
    currentDisembly = 0;
    m_renderer = this. GetComponent<MeshRenderer> ();
    if (m_renderer ! = null)
        startColor = m_renderer. material. color;
    InitGameObject ();
}
private void InitGameObject ()
{
    partNameGameObject = GameObject. Find ("partName");
}
void AddPartLabel ()
{
    Transform m_transform = GameObject. Find ("GearPump"). transform;
    // 获取子物体
    foreach (Transform child in m_transform)
    {
        // Debug. Log ("child. name:" + child. name);
        string name2 = "name2" + child. name;
        GameObject obj = GameObject. Find (name2);
        if (obj == null)
        {
            obj = new GameObject ();
            obj. name = name2;
            obj. AddComponent<TextMesh> ();
        }
        Vector3 pos = child. transform. position;
        pos. y += 15;
        obj. GetComponent<TextMesh> (). transform. position = pos;
        obj. GetComponent<TextMesh> (). characterSize = 0. 25f;
        obj. GetComponent<TextMesh> (). fontSize = 300;
        obj. GetComponent<TextMesh> (). font. fontNames =
GameObject. Find ("name2"). GetComponent<TextMesh> (). font. fontNames;
        obj. GetComponent<TextMesh> (). text = child. name;
```

```
            obj. GetComponent<TextMesh> ( ). color = Color. green;
        }
    }
    void Update ( )
    {
        SetDisemblyMsg ( );
    }
    void SetDisemblyMsg ( )
    {
        string msg = "next:" + Const. DissemmeblySeq [ currentDisembly ];
        GameObject. Find ( "DissemmblyPrompt" ). GetComponent<Text> ( ). text = msg;
    }


    /// <summary>
    /// 高亮
    /// </ summary>
    void OnMouseEnter ( )
    {
        Vector3 pos = Input. mousePosition;
        pos. x += 10;
        pos. y -= 10;
        this. GetComponent<MeshRenderer> ( ). material. color = Color. yellow;
        if ( this. GetComponent<MeshRenderer> ( ). materials. Length > 1)
        {
            this. GetComponent<MeshRenderer> ( ). materials [ 1 ]. color = Color. yellow;
            this. GetComponent<MeshRenderer> ( ). materials [ 0 ]. color = Color. yellow;
        }
        if ( partNameGameObject ! = null )
        {
            partNameGameObject. GetComponent<Text> ( ). color = Color. red;
            partNameGameObject. GetComponent<Text> ( ). text = "名称:" + m_renderer. name;
            partNameGameObject. GetComponent<Transform> ( ). position = Input. mousePosition;


        }
    }
    // 鼠标离开后, 零件恢复到原有颜色
    void OnMouseExit ( )
    {
        this. GetComponent<MeshRenderer> ( ). material. color = Color. green;
        if ( this. GetComponent<MeshRenderer> ( ). materials. Length > 1)
        {
            this. GetComponent<MeshRenderer> ( ). materials [ 1 ]. color = Color. green;
```

```
        this. GetComponent<MeshRenderer> ( ). materials ［0］. color = Color. green；
    }
}
```

　　悬停高亮和显示名称分别由通过 OnMouseEnter ( ) 和 AddPartLabel ( ) 实现，鼠标离开后零件恢复到原有颜色由 OnMouseExit ( ) 等实现，运行效果如图 5-61 所示。

5.6.4　摄像机控制器

　　摄像机控制器由 CameraControl 完成，主要是借助于摄像机等载体，实现鼠标的滚动来放大（拉近）或缩小（远离）场景，通过 A、S、D、W、向上、向下箭头来移动场景，代码如下：

```
public class CameraControl：MonoBehaviour
{
    private Transform m_transform；
    void Start ( )
    {
        // 针对全场景
        m_transform = Camera. main. transform；
        // 打印所有文件名称和坐标
        if ( GameObject. Find ( "GearPump" ) = = null)
            return；
        m_transform = GameObject. Find ( "GearPump" ). transform；
        // 针对全场景
        m_transform = Camera. main. transform；
        AddMouseEvent ( )；
    }
    void Update ( )
    {
        MoveControl ( )；
        Zoom ( )；
    }
    /// <summary>
    /// 给所有零件增加 PartPrompt 和 MeshCollider, MeshRenderer, Rigidbody
    /// </summary>
    void AddMouseEvent ( )
    {
        Transform m_transform = GameObject. Find ( "GearPump" ). transform；
        foreach ( Transform child in m_transform)
        {
            GameObject obj = GameObject. Find ( child. name )；
            if ( child. name. Contains ( "圈" ))
            {
```

```
                continue；// 不考虑名称中包括"圈" 的情况
            }
            if (child. name. Contains ("螺钉"))
            {
                foreach (Transform child2 in GameObject. Find (child. name). transform)
                {
                    SetComponent (GameObject. Find (child2. name));
                }
                continue；
            }
            SetComponent (obj)；
        }
    }
    void SetComponent (GameObject obj)
    {
        if (obj. GetComponent<PartPrompt> () == null)
        {
            obj. AddComponent<PartPrompt> ()；
        }
        if (obj. GetComponent<MeshCollider> () == null)
        {
            obj. AddComponent<MeshCollider> ()；
            obj. GetComponent<MeshCollider> (). convex = true；
            obj. GetComponent<MeshCollider> (). isTrigger = true；
        }
        if (obj. GetComponent<MeshRenderer> () == null)
        {
            obj. AddComponent<MeshRenderer> ()；
        }
        if (obj. GetComponent<Rigidbody> () == null)
        {
            obj. AddComponent<Rigidbody> ()；
            obj. GetComponent<Rigidbody> (). isKinematic = false；
            obj. GetComponent<Rigidbody> (). useGravity = false；
        }
    }

    void Zoom ()
    {
        // Zoom out 放大
        if (Input. GetAxis ("Mouse ScrollWheel") < 0)
        {
            if (Camera. main. fieldOfView <= 200)
            {
```

```
            Camera. main. fieldOfView += 2;
        }
    }
    // Zoom in 缩小
    if (Input. GetAxis ("Mouse ScrollWheel") > 0)
    {
        if (Camera. main. fieldOfView > 0)
        {
            Camera. main. fieldOfView -= 2;
        }
    }
}
// 根据按键移动 m_transform
void MoveControl ()
{
    float delta = 0. 07f;
    if (Input. GetKey (KeyCode. W) || Input. GetKey ("w"))
    {
        m_transform. Translate (Vector3. forward * delta, Space. Self);
    }
    if (Input. GetKey (KeyCode. S))
    {
        m_transform. Translate (Vector3. back * delta, Space. Self);
    }
    if (Input. GetKey (KeyCode. A))
    {
        m_transform. Translate (Vector3. left * delta, Space. Self);
    }
    if (Input. GetKey (KeyCode. D))
    {
        m_transform. Translate (Vector3. right * delta, Space. Self);
    }
    if (Input. GetKey (KeyCode. UpArrow))
    {
        m_transform. Translate (Vector3. up * delta, Space. Self);
    }
    if (Input. GetKey (KeyCode. DownArrow))
    {
        m_transform. Translate (Vector3. down * delta, Space. Self);
    }
    // 按下右键
    if (Input. GetMouseButton (1))
    {
```

```
            m_transform. Rotate （Vector3. up, Input. GetAxis （"Mouse X"））;
            m_transform. Rotate （Vector3. left, Input. GetAxis （"Mouse Y"））;
            m_transform = GameObject. Find （"GearPump"）. transform;
        }
        // 按下中键
        if （m_transform! = null&&Input. GetMouseButton （2））
        {
            m_transform. Rotate （Vector3. right, delta）;
            Debug. Log （m_transform. name）;
        }
    }
}
}
```

5.6.5　关节管理

如前所述，Unity 3D 关节用于连接 2 个或多个对象，形成某种整体，共分为 5 大类，分别为铰接、固定、弹簧、角色和可配置关节，各种关节创建方法类似，代码如下：

```
public class JointDemo ：MonoBehaviour {
    //链接关节游戏对象
    GameObject connectedObj = null;
    //当前链接的关节组件
    Component jointComponent = null;
    void Start （）
    {
        //获得链接关节的游戏对象
        connectedObj = GameObject. Find （"Cube"）;
    }
    void OnGUI （）
    {
        if （GUILayout. Button （"添加铰接关节"））
        {
            ResetJoint （）;
            jointComponent = gameObject. AddComponent<HingeJoint> （）;
            HingeJoint hjoint = （HingeJoint） jointComponent;
            connectedObj. GetComponent<Rigidbody> （）. useGravity = true;
            hjoint. connectedBody = connectedObj. GetComponent<Rigidbody> （）;
        }
        if （GUILayout. Button （"添加固定关节"））
        {
            ResetJoint （）;
            jointComponent = gameObject. AddComponent<FixedJoint> （）;
            FixedJoint fjoint = （FixedJoint） jointComponent;
```

```
            connectedObj. GetComponent<Rigidbody> ( ). useGravity = true;
            fjoint. connectedBody = connectedObj. GetComponent<Rigidbody> ( );
        }
        if ( GUILayout. Button ( "添加弹簧关节" ) )
        {
            ResetJoint ( );
            jointComponent = gameObject. AddComponent<SpringJoint> ( );
            SpringJoint springjoint = ( SpringJoint ) jointComponent;
            connectedObj. GetComponent<Rigidbody> ( ). useGravity = true;
            springjoint. connectedBody = connectedObj. GetComponent<Rigidbody> ( );
        }
        if ( GUILayout. Button ( "添加角色关节" ) )
        {
            ResetJoint ( );
            jointComponent = gameObject. AddComponent<CharacterJoint> ( );
            CharacterJoint charjoint = ( CharacterJoint ) jointComponent;
            connectedObj. GetComponent<Rigidbody> ( ). useGravity = true;
            charjoint. connectedBody = connectedObj. GetComponent<Rigidbody> ( );
        }
        if ( GUILayout. Button ( "添加可配置关节" ) )
        {
            ResetJoint ( );
            jointComponent = gameObject. AddComponent<ConfigurableJoint> ( );
            ConfigurableJoint cofigjoint = ( ConfigurableJoint ) jointComponent;
            connectedObj. GetComponent<Rigidbody> ( ). useGravity = true;
            cofigjoint. connectedBody = connectedObj. GetComponent<Rigidbody> ( );
        }
    }
    //重置关节
    void ResetJoint ( )
    {
        //销毁之前添加的关节组件
        Destroy ( jointComponent );
        //重置对象位置
        this. transform. position = new Vector3 ( -5, 12, 0 );
        connectedObj. gameObject. transform. position = new Vector3 ( 5, 12, 0 );
        //不感应重力
        connectedObj. GetComponent<Rigidbody> ( ). useGravity = false;
    }
}
```

　　上述代码中，利用 OnGUI 方法创建 5 个按钮，分别对应 5 个关节，图 5-62 为添加铰接关节后的不同运行状态，有兴趣的读者可以尝试上述代码的执行效果。

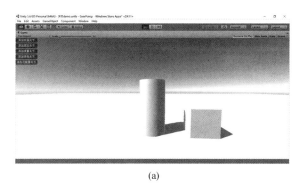

(a)

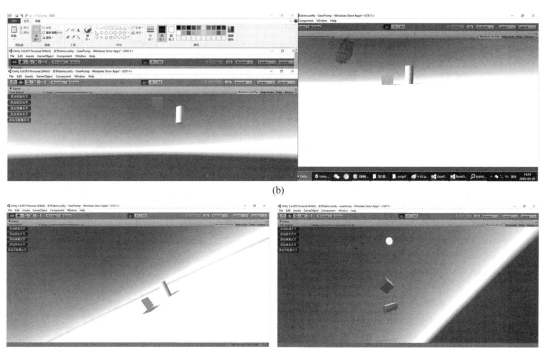

(b)

(c)　　　　　　　　　　　　　　　　(d)

图 5-62　铰接关节不同状态的示例效果

5.6.6　辅助模块

辅助模块包括常量定义和日志输出管理等，对应的类分别为 Const、LogManager，Log-
Manager 代码如下：

```
public class LogManager
    {
        // 创建文件
        private static string FileCreate ()
        {
            string path = System. Environment. CurrentDirectory;
            path += " \\ Assets \\ log \\ "; // 文件所在路径
```

```
                // 文件名称前加" 年-月-日"
                string fileName = DateTime. Now. Year + "-" + DateTime. Now. Month + "-" +
DateTime. Now. Day;
                fileName += fileName + ". log";
                fileName = path + fileName;
                // fileName 存在
                if (File. Exists (fileName))
                { }
                else
                {
                    File. Create (fileName); // fileName 不存在时，存在该名称
                }
                return fileName;
            }
        public static void WriteLog (string log)
            {
                DateTime now = DateTime. Now;
                string time = now. Year + "-" + now. Month + "-" + now. Day + " " + now. Hour +
":" + now. Minute + ":" + now. Second;
                //string [] content = new string [] { time + ":" + log };
                string content = " \ n" + time + "-> " + log+" \ n";
                string fileName = FileCreate ();
                File. AppendAllText (fileName, content, Encoding. UTF8);
            }
        }
```

上述代码中，WriteLog 为静态方法且公有，外部调用时，直接采取类名+方法名的方式。Const 代码如下：

```
class Const
    {
        private static Const _ const = null;
        public Dictionary<string, Vector3> keyPosition;
        // 拆卸顺序定义
        public static string [] DissemmeblySeq = { "后盖","中盖3","中盖1","中盖2","前盖",
"齿轮1","齿轮2","齿轮3","齿轮4","套1","套2","套3","套1","套2","套3","套4","油
封" };
        private static Const GetConstInstance ()
        {
            if (_ const == null)
                _ const = new Const ();
            return _ const;
        }
```

```
public static Dictionary<string, Vector3> GetKeyPos ()
{
    return GetConstInstance (). keyPosition;
}
public static Vector3 GetVector (float scale)
{
    return new Vector3 (scale, scale, scale);
}
/// <summary>
/// 拆卸后零件在 Plane 上的位置定义 (仅列出部分零件)
/// </summary>
private Const ()
{
    keyPosition = new Dictionary<string, Vector3> ();
    keyPosition. Add ("后盖", new Vector3 (15, 0f, 1));
    keyPosition. Add ("中盖 3", new Vector3 (30f, 0f, 1));
    keyPosition. Add ("中盖 1", new Vector3 (45f, 0f, 1));
    keyPosition. Add ("中盖 2", new Vector3 (59f, 0f, 1));
    keyPosition. Add ("前盖", new Vector3 (73f, 0f, 1));
    keyPosition. Add ("齿轮 4", new Vector3 (15, -10f, 1));
    keyPosition. Add ("齿轮 1", new Vector3 (30f, -10f, 1));
    keyPosition. Add ("齿轮 2", new Vector3 (45f, -10f, 1));
    keyPosition. Add ("齿轮 3", new Vector3 (59f, -10f, 1));
}
/// <summary>
/// 通过 scale 设置零件的可见度
/// </summary>
/// <param name="name"></param>
public static void SetGameObjectVisible (string name, float scale)
{
    GameObject. Find (name). transform. localScale = Const. GetVector (scale);
}
}
```

上述代码中, Const 定义了拆卸零件的顺序, 放在 DissemmeblySeq 字符串数组中, 拆卸过程中, 自动遍历该数组。在构造方法中初始化 keyPosition 泛型集合, 存放零件拆卸后在 Plane 上的物理位置, 随着鼠标拖动后松开, 零件就会自动放在所定义的物理位置上。此外, Const 还以简单工厂模式创建实例, 有兴趣的读者可以回忆前文介绍的该设计模式。

扫一扫
看本章插图

第 6 章　基于 HoloLens 的应用开发

6.1　HoloLens 概述

6.1.1　HoloLens 介绍

　　HoloLens 是微软公司开发的一款混合现实头戴式显示器，简称 MR 头盔或 MR 眼镜，它是 AR 技术的具体应用，于北京时间 2015 年 1 月 22 日凌晨与 Window10 同时发布，它的特点在于将某些计算机生成的效果叠加于现实世界之上，而没有将用户置于一个完全虚拟的世界里。HoloLens 可以追踪用户的移动和视线，还能监听用户语音，甚至可以将虚拟世界的对象与真实物体产生碰撞效果，从而让用户体验混合现实的神奇效果。在巴塞罗那 MWC2019 大会上，微软发布了第二代产品 HoloLens2。该产品主要有 3 个方面的提升：（1）通过重塑显示技术、增大显示范围、采用全新的 Azure Kinect Tof 深度传感器，增加眼球跟踪传感器等方式来提升沉浸感；（2）通过改变结构改善前后配重比、采用轻质碳纤维材料等方式来提升舒适度；（3）通过完善、丰富混合现实应用来提升生产力。如 Dynamics 365 远程协助、Dynamics 365 Guide 等，目前很多美军士兵已经开始使用 HoloLens 设备进行相关训练了。

6.1.2　HoloLens 套件

　　HoloLens 套件包括 HoloLens MR 头显（眼镜）、电源线和一个 Clicker（点击器），其中 Clicker 使用蓝牙与眼镜连接，部分替代鼠标功能。套件组成如图 6-1 所示。

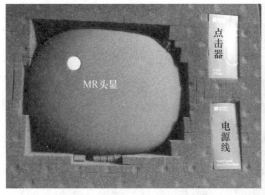

图 6-1　HoloLens 套件

　　HoloLens MR 头显是套件中的核心部分，包括 Headband、Speakers And Spatial Sound、Controls 等，具体如下：

　　（1）Headband（头带）。HoloLens 头带可以调整直径，以适应任何成人头部。包括所有的电子，处理器，内存，相机，扬声器等东西都包含在头带内，它们均匀地分布在头部周围，因此不会对耳朵或鼻子施加额外压力。另外，HoloLens 还提供可移动的鼻甲，既可以使用，也可以不用。正因为 HoloLens 轻巧和紧凑，所以即使用户穿戴几小时，也不会感到不适。

（2）Speakers And Spatial Sound（扬声器与空间声音）。在每个耳朵上面的头带上有一个小的扬声器，它通过声波发送到佩戴者的耳朵，这种相位模仿了来自虚拟设备的声波，就好像实际上发出了声音。虽然佩戴者只能在他的视野中看到面前的虚拟物品，但可以听到身后或身旁的虚拟物体发出的声音。

（3）Controls（控件）。HoloLens 设备有 3 个控件：分别为电源开关、音量和对比度控件。用户控制应用程序主要使用手势和声音命令的功能，也可能使用手持控制器，通过蓝牙与 HoloLens 通信。

（4）Processors（处理器）。HoloLens 包括 3 个处理器：分别为中央处理单元（CPU）、图形处理单元（GPU）和全息处理单元（HPU），它们互相协调，能够为用户提供逼真、快速的三维全息图像。

（5）Inertial Measurement Unit（IMU，惯性测量单元）。HoloLens 惯性测量单元包括加速度计、陀螺仪和磁强计，它们连同头部跟踪相机，跟踪用户的头部移动，然后将移动信息与场景内容集成，从而以正确的角度和距离显示视图领域中的虚拟对象。

（6）Cameras（摄像头）。HoloLens 包括 5 个可见波长的摄像头，一个直视前方且左右各有两个，这些摄像头跟踪用户头部运动和周围环境。此外，还有一台红外摄像机面向前方，用来扫描物体，然后反射红外光回到红外摄像机，因而实现了激光测距功能。

（7）Microphone（麦克风）。HoloLens 含有麦克风，以便用户可以使用语音命令向运行中的应用程序提供输入，本书后续示例中会详细讲解。

（8）Other Input Devices（其他输入设备）。除了手势，语音等常规输入方式外，HoloLens 还可以使用无绳游戏控制器或无绳鼠标作为输入设备。

（9）Lenses（镜片）。HoloLens 设备的镜片是透明的，用户可以通过它们查看，因此，用户既可以看到虚拟场景对象，也可以看到真实世界的物体，这与 HoloLens 的混合现实功能相一致。

6.1.3　通用窗口平台 UWP

Windows 通用应用平台即 Windows 10 Universal Windows Platform，简称 UWP，它的目的是将应用程序通用化，能够在所有 Windows10 设备上运行，包括 Windows 10 Mobile、Surface、PC、Xbox、HoloLens 等平台，UWP 不同于传统 PC 上的 EXE 应用，也不同于手机端的 APP 应用，它并不是为某一个终端而设计，而是为了适应所有平台。因此，发布到 HoloLens 的应用程序可以借助 Windows 10 的 UWP 平台，关于 UWP 平台，本书在后续章节中还会进一步使用。

接下来讲解 HoloLens 的环境搭建与开发过程。

6.1.4　HoloLens 设备门户 Device Portal

Windows Device Portal 可以实现通过网络和 USB 连接远程配置和管理 Windows 系统，

还可以查看 Windows 设备的实时性能数据，并提供高级诊断工具。在 HoloLens 启用设备门户的步骤为：依次点击"Settings""Update & Security""For developers"，启用开发人员模式，然后向下滚动并启用设备门户（Device Portal）。

设备门户启用后，通过 USB 连接需要先安装 Visual Studio Update 1，然后用适用于HoloLens（第一代）的 micro-USB 数据线或适用于 HoloLens 2 的 USB-C 数据线将 HoloLens连接到电脑。如果建立了 WiFi 局域网环境，可以使用浏览器进行远程操作，URL 地址为http://HoloLens 的 IP 地址。打开网页后，需要先创建用户名和密码，用户按照提示操作即可。登录成功后的界面如图 6-2 所示。

图 6-2　HoloLens 设备门户主界面

设备门户分为主页顶部、导航区和主显示区，下面进行简要介绍。

（1）主页顶部：

1）反馈：用户链接到微软主页，反馈相关意见。

2）联机状态：包括 Online、Offline、Sleeping 等。

3）Cool：指示设备的温度状态。

（2）导航区。导航区包括 Views、Performance、System、Scratch 4 个一级导航和若干个二级菜单，比较常用的包括如下几个：

1）Apps：用于部署、安装、开启、移除、查看应用程序。

2）Mixed Reality Capture：用于捕捉当前 HoloLens 显示的内容，并可以记录和保存为图片。

3）Performance Tracing：可以追踪 HoloLens 的性能情况。

4）Virtual input：支持通过浏览器将键盘输入的内容发送到 HoloLens 上，可以大大提高在 HoloLens 的输入效率。

6.2　HoloLens 环境搭建

6.2.1　软硬件要求

（1）操作系统要求：必须是 64 位 Windows 10 操作系统，且必须为专业版、企业版或教育版，不能是家庭版（家庭版不支持 Hyper-V 或者 HoloLens emulator）。

（2）CPU 及内存要求：

1）64 位 CPU。

2）至少 4 核 CPU（或总共至少有 4 个核心的多个 CPU）。

3）至少 8GB 内存。

（3）BIOS 功能要求：

1）支持硬件协助的虚拟化。

2）支持二级地址转换（SLAT）。

3）支持基于硬件的数据执行保护（DEP）。

（4）GPU 要求：

1）DirectX 11.0 或更高版本。

2）WDDM 1.2 图形驱动程序或更高版本（第 1 代）。

3）WDDM 2.5 图形驱动程序（HoloLens 2 仿真器）。

4）仿真器可与不受支持的 GPU 配合工作，但速度会明显变慢开启虚拟化。

6.2.2　启用"Hyper-V"功能

使用 HoloLens 必须启用"Hyper-V"功能，步骤为：在 Windows 10 中，依次选择"此电脑""属性""控制面板主页""程序""程序和功能""打开和关闭系统功能"，勾选 Hyper-V，如图 6-3 所示。

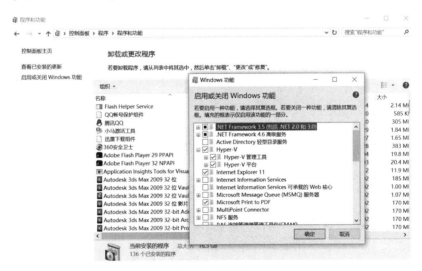

图 6-3　Windows 10 开启 Hyper-V

6.2.3　模拟器下载与安装

模拟器下载地址：https://docs. microsoft. com/zh-cn/windows/mixed-reality/hololens-emulator-archive。

（1）选择适合于 Windows 10 的版本下载，否则安装会出现如图 6-4 所示的提示。

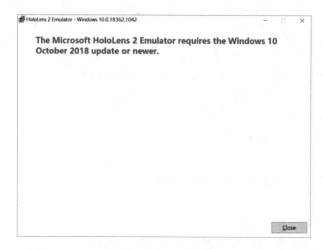

图 6-4　HoloLens 模拟器与 Windows 10 不匹配的情形

（2）下载合适的版本后，双击进行安装，如图 6-5 所示。

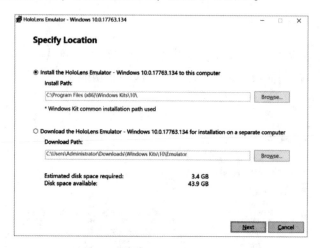

图 6-5　HoloLens 模拟器安装位置

（3）点击"next"，弹出 Windows 隐私策略，用于可以选择"Yes"或"No"，如图 6-6 所示。

（4）点击"next"，弹出许可协议，如图 6-7 所示。

（5）点击"Accept"，弹出安装组件，如图 6-8 所示。

（6）勾选全部组件，点击"Install"，如图 6-9 所示。

（7）安装完成后，弹出界面如图 6-10 所示。

6.2.4　利用 VS 开发 HoloLens 应用

HoloLens 模拟器安装完成后，可以利用 Visual Studio 直接开发 HoloLens 应用程序，开发完成后，可以发布到模拟器或真机上，下面以 VS 2015 为例进行说明。

（1）打开 VS 2015，在菜单项依次选择"文件""新建""项目""模板""Visual C#""Windows""通用""Holographic"，如图 6-11 所示。

图 6-6　HoloLens 模拟器隐私策略

图 6-7　HoloLens 模拟器许可协议

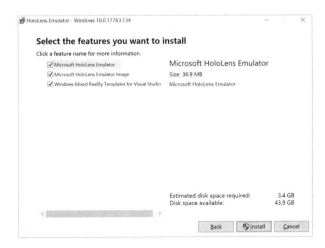

图 6-8　HoloLens 安装组件选项

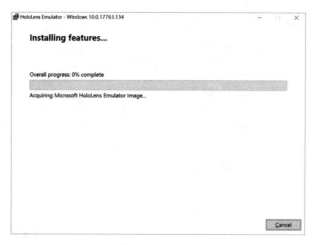

图 6-9　HoloLens 模拟器安装进度

图 6-10　HoloLens 模拟器安装完成界面

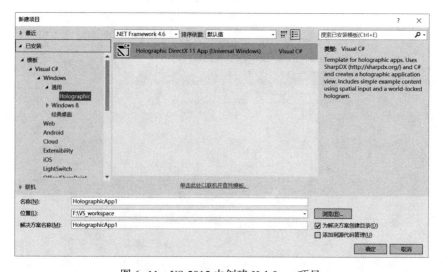

图 6-11　VS 2015 中创建 HoloLens 项目

（2）点击"确定"，完成 HoloLens 项目的创建，点击"HoloLens Emulator 10.0.14393.1358"运行 HoloLens 模拟器，如图 6-12 所示。但注意：

1）对于 HoloLens 仿真器（第 1 代），请确保将"平台"设置为"x86"。对于 HoloLens 2 仿真器，请确保将"平台"设置为"x86"或"x64"。

2）选择所需的 HoloLens 仿真器版本作为目标调试设备。

3）仿真器在首次启动时，可能需要花费一分钟或更长的时间来完成引导。建议在调试会话期间让仿真器保持打开状态，以便将应用程序快速部署到仿真器。

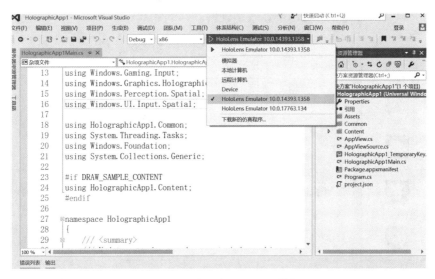

图 6-12 VS 中运行 HoloLens 模拟器

（3）执行完成后，会弹出如图 6-13 所示的界面。

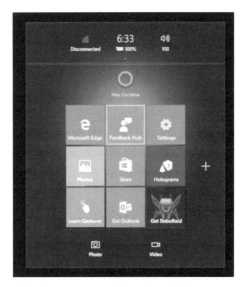

图 6-13 HoloLens 模拟器安装并启动后界面

在模拟器中，可以利用键盘和鼠标模拟常规的操作，具体如下：

1）前后左右移动：使用键盘上的 W、S、A、D 键。

2）上下左右注视：单击并拖动鼠标、使用键盘上的箭头键。

3）隔空敲击手势：单击鼠标右键、按键盘上的 Enter 键。

4）开花手势/绽开手势（Bloom）：按键盘上的 Windows 键或 F2 键。

5）滚动时手部运动：按住 Alt 键和鼠标右键的同时向上或向下拖动鼠标。

6）手部运动和方向（仅适用于 HoloLens 2 仿真器）：按住 Alt 键的同时向上、向下、向左或向右拖动鼠标以移动手部，或使用箭头键和 Q 或 E 来旋转和倾斜手部。

7）在模拟器的右侧有一列图标，各图标的含义如表 6-1 所示。

表 6-1　HoloLens 模拟器图标含义

序号	图标	含义	说　明
1	✕	关闭	关闭仿真器
2	▭	最小化	最小化仿真器窗口
3	⍾	模拟输入	使用鼠标和键盘来模拟仿真器的人类输入
4	⌨	键盘和鼠标输入	键盘和鼠标输入将作为键盘和鼠标事件直接传递给 HoloLens OS，就如同已连接蓝牙键盘和鼠标一样
5	⟦口⟧	适合屏幕大小	使仿真器适合屏幕大小
6	🔍	缩放	放大和缩小仿真器
7	?	帮助	打开仿真器帮助
8	🌐	打开设备门户	在仿真器中打开 HoloLens OS 的 Windows 设备门户
9	≫	工具	打开"其他工具"窗格

（4）按住右键拖动鼠标，当高亮方框围住界面中的"+"时，点击右键，进入更多应用界面，如图 6-14 所示。

6.2.5　将 Unity 3D 工程部署到 HoloLens 模拟器

利用 Unity 3D 可以开发 HoloLens 应用，主要方法是先开发 Unity 3D 程序，然后再发布成 HoloLens，本节介绍将 Unity 3D 工程发布到 HoloLens 模拟器的详细步骤。

（1）打开前文介绍的 Unity 3D 工程 GearPump（读者也可以新建任意工程）作为发布到 HoloLens 模拟器的案例，如图 6-15 所示。

图 6-14　HoloLens 模拟器中显示 VS 中创建的应用

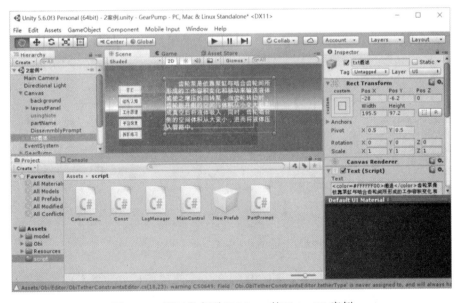

图 6-15　用于发布到 HoloLens 的 Unity 3D 案例

（2）在菜单项，依次点击"File""Build Settings"，弹出编译设置界面，点击"Add Open Scenes"按钮，打开当前场景"2 案例"。在"Platform"中选择"Windows Store"，如果没有对应插件，点击"Open Download Page"按钮，根据提示进行下载。下载完成后，再次选择"Windows Store"，会弹出如图 6-16 所示的界面。

图 6-16　Unity 3D 发布到 HoloLens 界面

需要说明的是，读者的 UWP SDK 可能与图 6-16 不完全一样，读者可以根据自己下载的版本选择合适的 SDK。

（3）在确保工程编译通过的情况下，点击"Build"按钮，在桌面新建 bookdemo 文件夹，并点击"选择文件夹"按钮（读者也可以选择或新建任意文件夹），如图 6-17 所示。

图 6-17　Unity 3D 选择发布 UWP 工程

（4）在编译过程中，需要观察 Unity 3D 的"Console"面板，如果发现错误提示，需要适当修改代码，否则不能生成工程。编译完全通过后，生成的 UWP 工程如图 6-18 所示。

（5）双击"GearPump.sln"，利用 VS 打开该工程（注意，此工程为 UWP 工程，与 Unity 3D 的原有工程不完全一样），打开后界面如图 6-19 所示。

（6）在图 6-19 中，将管理器从"ARM"变成"x86"，运行目标换成 HoloLens Emulator 模拟器，如图 6-20 所示。

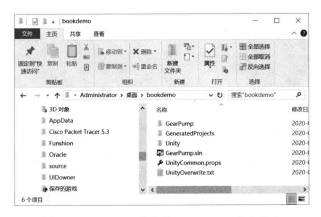

图 6-18 Unity 3D 发布的 HoloLens 工程文件夹

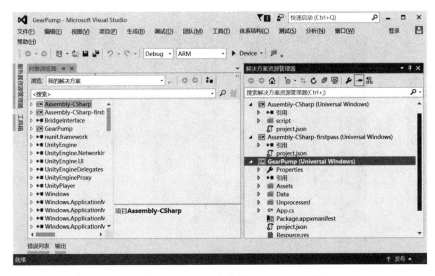

图 6-19 Unity 3D 发布的 HoloLens 工程

图 6-20 VS 切换成 HoloLens 模拟器

（7）点击"HoloLens Emulator 10. 0. 14393. 1358"（读者的版本可能与图 6-20 稍有差异），运行 HoloLens 模拟器，等待几分钟后，可以弹出如图 6-21 所示界面。

（8）按住鼠标右键并拖动，选中界面中的"+"按钮并点击，弹出界面如图 6-22 所示。

（9）在图 6-22 可以看到在 Unity 3D 中编写的工程 GearPump，拖动鼠标右键并点击 GearPump 工程，进入 Unity 3D 编写的应用程序，如图 6-23 所示。

（10）图 6-23 为 HoloLens 模拟器中显示的 Unity 3D 应用程序。

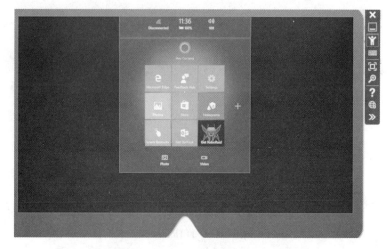

图 6-21　Unity 3D 发布的 HoloLens 应用

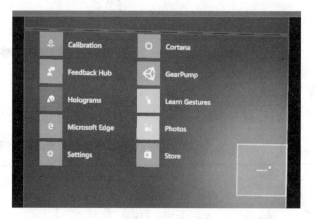

图 6-22　在 HoloLens 模拟器中查看"更多"应用

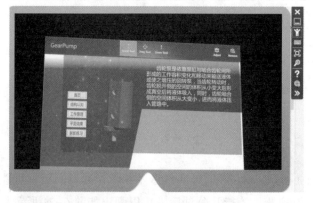

图 6-23　在 HoloLens 模拟器中运行的 Unity 3D 程序

6.2.6　将 Unity 3D 工程部署到 HoloLens 真机

利用 Unity 3D 开发 HoloLens 应用后，同样可以方便地发布到 HoloLens 真机上，部署到真机上可以采用两种手段，分别为 WiFi 局域网方式和 USB 方式。

6.2.6.1　利用 WiFi 局域网部署 Unity 3D 应用到 HoloLens 真机

（1）建立具有 WiFi 局域网环境，局域网即可，不一定要连接到互联网。

（2）打开 HoloLens 真机，打开"Settings"设置，输入 WiFi 密码进行连接，连接后，通过手势向上滚动，查看连接后的 IP 地址和对应的网关，假设其值分别为 192.168.43.3 和 192.168.43.1（如果读者以无线路由器建立局域网，IP 地址的前三位可能是 192.168.1）。

（3）在 HoloLens 真机中，依次点击"Settings""Update & Security""For developers"，启用 Developer Mode，这将允许将应用程序从 Visual Studio 部署到 HoloLens 中。

（4）在 Unity 3D 中，依次点击"File""Build & Settings""Player Settings…"，在"Inspector"面板中，勾选"Virtual Reality Supported"，并选择"Windows Holographic"。

（5）设置 Unity 3D 发布后的 VS 工程所在的机器的 IP 地址，假设为 192.168.43.21。

（6）在上一节第 6 步中，运行目标不选 HoloLens Emulator 模拟器，而是选择"远程计算机"，此时会弹出"远程连接"界面，在输入框中输入 192.168.43.3，或等待自动检测，当发现 HoloLens 设备后，会在检测列表中显示，如图 6-24 所示。

图 6-24　VS 检测远程 HoloLens 设备界面

（7）点击检测到的 HoloLens 设备，点击"选择"按钮确认连接到 HoloLens 眼镜，如图 6-25 所示。

（8）VS 连接到 HoloLens 后，会弹出输入 PIN 的界面，如图 6-26 所示。

（9）PIN 值是通过 HoloLens 设备生成，具体操作为：依次点击"Settings""Update & Security""For developers"，在"Device discovery"中点击"Pair"按钮，此时会生成 6 位数的 PIN 号，将该数字输入到图 6-26 中，点击"确定"，部署过程与部署成功的界面分别如图 6-27 和图 6-28 所示。

6.2.6.2　利用 USB 部署 Unity 3D 应用到 HoloLens 真机

利用 USB 部署与 WiFi 方法基本思路一致，关键步骤为：

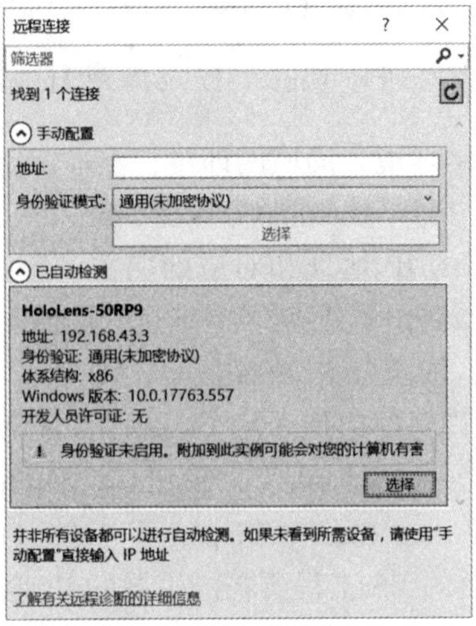

图 6-25　VS 确认 HoloLens 连接

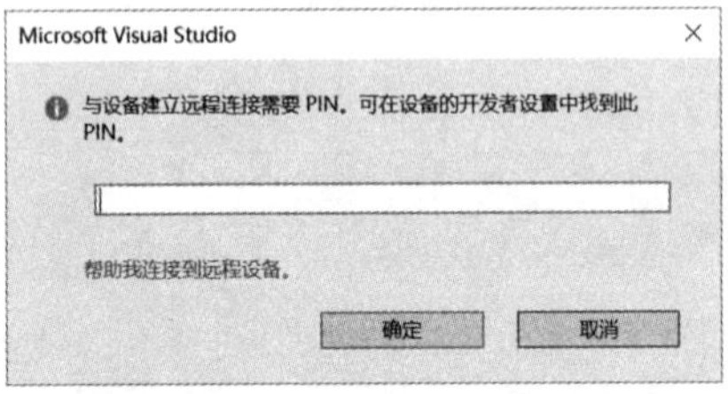

图 6-26　VS 输入 HoloLens PIN 界面

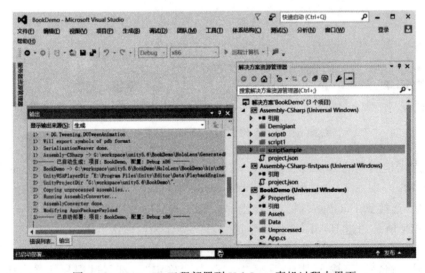

图 6-27　Unity 3D 工程部署到 HoloLens 真机过程中界面

（1）将 HoloLens 充电线一头接到 HoloLens，另一头接到计算机的 USB 中，在计算机浏览器中输入 http://127.0.0.1:10080，输入用户名和密码（这个用户名和密码在使用 HoloLens之前已经设定，如果读者没有密码，可以将 HoloLens 恢复出厂设置，然后创建新

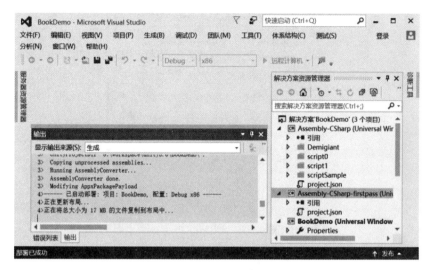

图 6-28　Unity 3D 工程成功部署到 HoloLens 真机的界面

的用户名和密码）。

（2）打开由 Unity 3D 发布的 UWP 工程，并将发布目标设置为"Device"（利用 WiFi 部署时，目标为"远程计算机"），如图 6-29 所示。

图 6-29　利用 USB 部署 UWP 到 HoloLens 的目标设备选择

（3）连接设备过程中，需要输入 PIN 码，这个码的位置同样在 HoloLens 的"Settings""Update & Security""For developers"的 Pair 中。

6.3　使用 Unity 3D 开发 HoloLens 增强现实应用

利用 Unity 3D 开发 HoloLens 应用时的主要工作在 Unity 中，本节主要讲解开发和使用过程中的注意事项，与 Unity 相似的内容此处不再重复。

6.3.1　摄像机设置

当戴上 HoloLens 眼镜后，头部就是全息世界的中心，此时，Camera 会随着头部的移动或转向而发生改变，因此，需要对 Camera 进行一些设置，以符合较好的预期效果。

在 Unity 3D"Hierarchy"面板中选择"Main Camera"（可以重命名），在"Inspector"面板中执行以下操作：

（1）Tag：在"Inspector"面板中，确保"Tag"选择为"MainCamera"；

（2）Position：将"Position"重置为（0，0，0）；

（3）Near：建议值为 0.85 米，防止用户接近对象时，对象被渲染到离用户眼镜太近的位置。

上述参考设置如图 6-30 所示。

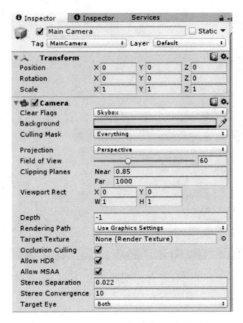

图 6-30　HoloLens 中摄像机参考设置

读者可以根据 HoloLens 设备的特点，适当修改图 6-30 中"Clear Flags"和"Background"等参数值，如将"Clear Flags"设置为"Solid Color"，"Background"设定为 RGBA（0，0，0，0），以达到更好的效果。

6.3.2　凝视

Gaze（凝视）是 HoloLens 主要输入方式，类似于桌面系统的光标，用于选择和操作全息对象。它是通过用户头部两眼之间发出一条向前方的射线来实现，射线可以识别所碰撞的物体，因此需要在 Unity 3D 中增加碰撞器。

凝视的处理方法为 Physics 类的静态方法 Raycast，它共有 16 个重载方法，本文介绍其中两个参数的含义，读者根据下面介绍推断其他重载方法的含义。

6.3.2.1　public static bool Raycast（Vector3 origin，Vector3 direction，float maxDistance，int layerMask）

（1）origin：射线起点，通常是用户头部位置，使用 Camera. main. transform. forward；

（2）direction：射线方向，通常是用户头部方向，使用 Camera. main. transform. position；

（3）maxDistance：射线最大距离，默认为无限远；

（4）layerMask：层遮罩，默认值为 Physics. DefaultRaycastLayers。

因此，该重载方法的含义为：在 origin 坐标上建立一个方向为 direction，距离为 distance 的射线，可以与 layerMask（层遮罩）之外的所有的 collider 碰撞；如果碰撞到任何物体返回 true，否则返回 false。

6.3.2.2　public static bool Raycast（Vector3 origin，Vector3 direction，out RaycastHit hitInfo，float maxDistance，int layerMask）

与前一个方法相比，多一个 hitInfo 参数，它是 out（输出型）参数，当碰撞时，记录碰撞数据，包括碰撞位置、碰撞体等。下面简要介绍在 HoloLens 中凝视的用法，实现凝视正方体后其变色，大体步骤为：

（1）在 Unity 3D 中添加正方体 Cube，重命名为 Cube1，为其添加默认材质。

（2）创建 C#代码 GazeDemo.cs，在 Update 方法中增加如下代码：

```
void Update（）{
    RaycastHit hitInfo；
    if（Physics. Raycast（Camera. main. transform. position，
        Camera. main. transform. forward，
        out hitInfo，20f，Physics. DefaultRaycastLayers））
    {
        if（GameObject. Find（"Cube1"）. GetComponent<MeshRenderer>（）. material. color==Color. green）
        {
            GameObject. Find（"Cube1"）. GetComponent<MeshRenderer>（）. material. color = Color. red；
        }
        else
        {
            GameObject. Find（"Cube1"）. GetComponent<MeshRenderer>（）. material. color = Color. green；
        }
    }
}
```

上述代码中，通过材质颜色的变化控制正方体的颜色，使其在红色与绿色之间转换。

（3）将 GazeDemo.cs 拖到相机或某个 Unity 对象上，将对应工程发布到 HoloLens 上并观察正方体颜色变化情况。

6.3.3　手势识别

Gesture（手势）是 HoloLens 的另一种交互方式，它包括简单手势和复杂手势，前者又称为低级别手势，是最常用的手势输入方式，它包括两种，分别为 air-tap 和 bloom。复杂手势又称高级手势，包括 tap（单击）、double tap（双击）、hold（按住）、manipulation（操控）、navigation（导航）等，下面进行介绍。

（1）选择手势 air-tap。选择手势 air-tap 就是在空中做出一个单击动作，用于表示选择或确定，相当于 PC 鼠标左键，在 HoloLens 中，可以用 HoloLens Clicker 单击或语音"Select"代替。

（2）开花手势 bloom。开花手势 bloom 的动作是握紧拳头后松开，有点鲜花绽开的意思，用于返回主界面，相当于 Windows 开始键。

（3）按住手势 hold。按住手势 hold 有几秒钟的时间，相当于按下鼠标左键，是指保持住 air tap 中手指向下的姿势，当用户想要拿起某个物品而不是打开它时就可以进行这样的交互。

（4）操控手势 manipulation。操控手势 manipulation 可以用于移动、缩放或旋转一个全息影像，适用于用户想要全息影像和手的操作 1∶1 对应的情况。操控手势的初始目标定位依赖于凝视或设备指向，一旦 hold 手势被触发，就可以用手势对已选中的物体直接用手进行操控。对目标的定位不再依靠凝视，让用户在行动时可以自由地查看四周情况。

（5）导航手势 navigation。导航手势 navigation 类似于一个虚拟的操纵杆，可以用于 UI 组件上，如在纵向菜单上进行的导航。

在 HoloLens 中进行手势识别通常需要如下几个步骤：

（1）创建手势识别器：

```
using UnityEngine. XR. WSA. Input;
GestureRecognizer gestureRecognizer = new GestureRecognizer ();
```

（2）指定需要捕捉的手势类型：

```
gestureRecognizer. SetRecognizableGestures (GestureSettings. Tap ｜ DoubleTap);
```

上述代码捕捉单击和双击手势。

（3）委托捕捉后的处理方法：

```
// 订阅手势事件
gestureRecognizer. TappedEvent += OnTappedEvent;
```

（4）开始捕捉手势：

```
// 开始手势识别
gestureRecognizer. StartCapturingGestures ();
```

（5）结束手势捕捉：

```
// 结束手势捕捉
gestureRecognizer. StopCapturingGestures ();
```

下面接着上一节凝视的示例继续增加手势识别功能，为了去除凝视的干扰，首先需要将上例中 GazeDemo 的绑定移除，然后输入如下主要代码：

```
void Start (){
    cube1 = GameObject. Find ("cube1");
    recognizer = new GestureRecognizer ();
    recognizer. SetRecognizableGestures (GestureSettings. Tap ｜ GestureSettings. DoubleTap);
    recognizer. TappedEvent += OnTappedEvent;
    recognizer. StartCapturingGestures ();
}

private void OnTappedEvent (UnityEngine. XR. WSA. Input. InteractionSourceKind source, int tapCount, Ray
```

```
headRay) {
    // 捕捉到手势
    if (source == UnityEngine. XR. WSA. Input. InteractionSourceKind. Hand)
    {
        RaycastHit hitInfo;
        if (Physics. Raycast (headRay, out hitInfo, Mathf. Infinity))
        {
            if (tapCount == 1)
            {
                cube1. GetComponent<MeshRenderer> (). material. color = Color. blue;
            }
            else if (tapCount == 2)
            {
                cube1. GetComponent<MeshRenderer> (). material. color = Color. green;
            }
        }
    }
}
```

上述代码中，单击和双击的颜色不一致，读者可以在 HoloLens 中部署试验，当拇指和食指闭合一次，正方体为蓝色，快速连续闭合两次（相当于双击），正方体变为绿色。

6.3.4　语音录入识别

6.3.4.1　HoloLens 语音录入 3 种方法

HoloLens 语音录入是第 3 种常用的交互方法，目前正被越来越广泛地运用，它有 3 种基本方式：

（1）KeywordRecognizer（关键字识别）。通过定义一个字符串数组，用户在读出对应关键字后，HoloLens 进行识别。

（2）DictationRecognizer（听写识别）。听写特性用于将用户语音转为文字输入，同时支持内容推断和事件注册特性。也就是说，用户可以说出任何单词，识别后可以用来显示用户说话的内容。

（3）GrammarRecognizer（语法识别）。通过设定好的 SRGS 文件进行识别，该文件中定义了一系列语法规则。

目前 Hololens 不支持中文语音识别，需要采用 Bing Speech 的 STT 及 TTS 等手段间接实现。

6.3.4.2　启用 Microphone 支持

语音识别需要麦克风 Microphone 支持，因此需要在 HoloLens 和 Unity 3D 中进行相关授权和设置。在 HoloLens 中会自动弹出是否启用麦克风对话框，点击 "Yes" 即可；在 Unity 3D 中，需要依次点击 "File" "Build & Settings" "Player Settings…"，在 "Inspector" 面板中，选中 "Microphone"，如图 6-31 所示。

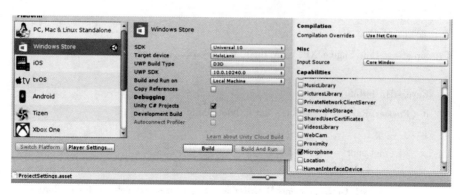

图 6-31　HoloLens 语音录入需要 Microphone 支持

6.3.4.3　示例代码

本节以 KeywordRecognizer 为例，介绍 HoloLens 语音识别方法，步骤如下：
（1）引入命名空间；
（2）定义关键字字符串 keywordsArr；
（3）定义关键字动作字典 keywords；
（4）声明 KeywordRecognizer 实例 recognizer；
（5）在 Awake 方法中初始化关键字动作字典 keywords；
（6）在 Awake 方法中初始化 KeywordRecognizer 实例 recognizer；
（7）注册识别事件；
（8）触发语音事件；
（9）执行动作。

上面是 HoloLens 关键字语音识别的主要步骤，下面举一个具体示例进行说明，实现的功能是：当用户说出"Hello"时，HoloLens 场景中的正方体变绿色，代码如下：

```
// （1）引入命名空间；
using UnityEngine.Windows.Speech;
// （2）定义关键字字符串 keywordsArr；
string [] keywordsArr = {"Hello","Yes" };
// （3）定义关键字动作字典 keywords；
Dictionary<string, Action> keywords = new Dictionary<string, Action> ();
// （4）声明 KeywordRecognizer 实例 recognizer；
KeywordRecognizer recognizer;
void Awake ()
{
    // （5）在 Awake 方法中初始化关键字动作字典 keywords；
    keywords.Add (keywordsArr [0], HelloAction);
    // （6）在 Awake 方法中初始化 KeywordRecognizer 实例 recognizer；
    recognizer = new KeywordRecognizer (keywordsArr);
    recognizer.Start ();
```

```
}
// (7) 注册识别事件；
private void OnEnable ( )
{
    recognizer. OnPhraseRecognized += OnPhraseRecognized；
}
// (8) 触发语音事件；
private void OnPhraseRecognized（PhraseRecognizedEventArgs args）
{
    Action keywordsAction；
    if（keywords. TryGetValue（args. text，out keywordsAction））
    {
        keywordsAction. Invoke（）；
    }
}
// (9) 执行动作。
void HelloAction（）
{
    GameObject. Find（"Cube1"）. GetComponent<MeshRenderer>（）. material. color = Color. red；
}
```

上述代码涵盖了语音录入的主要过程，读者需要在 HoloLens 真机上测试效果，还需要补充说明如下几点：

（1）HelloAction 为普通方法，读者可以在其中编写所需的功能。

（2）有时候会将 HelloAction 隐藏，定义成匿名方法，方法体放置在关键字动作字典 keywords 初始化过程中。

（3）HoloLens 识别语音需要时间，在 VS 调试状态下，可能会弹出"正在获取数据提示文本…"的对话框，此时不用处理，等待即可，如图 6-32 所示。

图 6-32 HoloLens 语音识别时等待提示框

（4）在 VS 调试状态下，会弹出语音识别响应时间，它是在用户说出关键字后，从 Holo-Lens 识别到执行响应动作方法之间的时间，如图 6-33 所示提示了"已用时间<=107ms"。

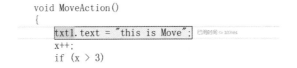

图 6-33 在 VS 调试器中显示 HoloLens 语音识别时间

6.3.5　空间映射

HoloLens SpatialMapping 一般翻译为空间映射，它是 HoloLens 的一个非常重要的特性，它能够将虚拟物体与真实物体产生交互，真正体现 HoloLens 混合现实的优势。举例来说，它可以实现将 HoloLens 场景中的零件放置在真实空间的桌子上，并可以产生碰撞，甚至弹跳。空间映射重要的脚本有 3 个，分别为：

（1）SpatialMappingObserver：SpatialMappingObserver 继承自 SpatialMappingSource，用于定期扫描周围环境。

（2）SpatialMappingManager：SpatialMappingManager 负责监控 SpatialMappingObserver 是否正常工作，继承自 Singleton<SpatialMappingManager>。

（3）SpatialMappingSource：SpatialMappingSource 直接继承自 MonoBehaviour，也是第一个脚本 SpatialMappingObserver 的父类，负责扫描获得的 Mesh 存储和管理工作。

实现 HoloLen 空间映射有两种方法，第一种采用 HoloToolKit Unity 插件工具（网上可以下载），第二种通过空间映射 API 实现，两种方法本质上类似，都是采用 SpatialMappingObserver、SpatialMappingManager 等脚本实现所需功能，下面介绍开发 HoloLens 空间映射的一般步骤：

（1）新建或打开前文 Unity 3D 场景，将下载的 HoloToolKit 开发工具包（文件名称形如 HoloToolkit-Unity. unitypackage）导入到 Unity 场景中。

（2）删除场景中 MainCamera 主摄像机（前文没有采用 HoloToolKit 开发工具包，所以没有删除主摄像机）。

（3）将预设体 HoloLensCamera. prefab、SpatialMapping. prefab（路径分别为：Assets/HoloToolkit/Input/Prefabs、Assets/HoloToolkit/SpatialMapping/Prefabs）拖入到"Hierarchy"面板中。

（4）依次点击"File""Build & Settings""Player Settings…"，在"Inspector"面板中勾选"SpatialPercention"，表示支持空间映射功能，如图 6-34 所示。

图 6-34　HoloLens 空间映射支持功能

（5）编写代码，实现单击创建圆柱体，双击创建正方体，主要代码如下：

private void OnTappedEvent1（InteractionSourceKind source，int tapCount，Ray headRay）

```
        {
            if (source = = UnityEngine. VR. WSA. Input. InteractionSourceKind. Hand)
            {
                // 单击创建圆柱体
                if (tapCount = = 1)
                {
                    GameObject cylinder = GameObject. CreatePrimitive (PrimitiveType. Cylinder);
                    cylinder. GetComponent<MeshRenderer> (). material. color = Color. red;
                    // cylinder. transform. position 时，需要与摄像机匹配
                    cylinder. transform. position = new Vector3 (1, 2. 3f, 0. 5f);
                    Rigidbody body = cylinder. AddComponent<Rigidbody> ();
                }
                // 双击创建正方体
                if (tapCount = = 2)
                {
                    GameObject cube = GameObject. CreatePrimitive (PrimitiveType. Cube);
                    cube. GetComponent<MeshRenderer> (). material. color = Color. blue;
                    cube. transform. position = new Vector3 (0, 1. 2f, 0. 5f);
                    Rigidbody body = cube. AddComponent<Rigidbody> ();
                }
            }
        }
```

（6）将上述工程部署到 HoloLens 中，观察创建的圆柱体或正方体是否与真实世界中的桌椅发生碰撞。

6.3.6　HoloLens 配对蓝牙附件

HoloLens 除了支持凝视、手势识别、语音录入外，也可以像普通计算机一样使用鼠标（HoloLens Clicker）、键盘等输入外设。

HoloLens Clicker 是第一款为 HoloLens 特别定制的外围设备，包含在 HoloLens 开发者版套件中，它是一个辅助操作工具，与鼠标功能类似，可以模仿手势来选择、滚动、移动和调整应用程序的大小。但是它不能代替所有手势，如绽开手势（Bloom）。HoloLens Clicker 包括一个 CPU 和一个带有定制微软全息处理芯片的英特尔 32 位架构处理器，HoloLens Clicker 包装盒及外观如图 6-35 所示。

HoloLens Clicker 可以通过蓝牙与眼镜配对（Pair），配对方法为：依次点击"Settings" "Devices"；打开"Status"，等待搜索蓝牙设备（Searching for Buluetooth devices），当出现"Clicker Available"时，表示搜索到 Clicker，点击"Pair"按钮进行配对，配对成功后会显示"Connected"提示信息。

蓝牙键盘（需要支持 HID 或 GATT 协议）也可以与 HoloLens 配对，配对步骤与 Clicker 类似，配对成功后需要在 HoloLens 中查看 Pair 码，并在键盘上输入，使用蓝牙键盘可以大大提高 HoloLens 的输入效率。

图 6-35　HoloLens Clicker

6.3.7　在 HoloLens 中应用 UGUI

在默认情况下，通过 Unity 3D 创建 Canvas 后，其中包括的各种组件不能正常显示，需要进行如下处理。

（1）设定主摄像机 Main Camera。设置摄像机 Main Camera 的"Clear Flags""Background""Near"等参数，如图 6-30 所示。

（2）设定 Canvas。Canvas 默认渲染方式为 Screen Space-Overlay，即屏幕空间覆盖模式，在 HoloLens 眼镜中，需要设置 world space（世界空间模式）。将"Render Mode"｜"Event Camera"的摄像机设定为 Main Camera，如图 6-36 所示。

图 6-36　设定 Canvas 的渲染模式

（3）设定 Event System。在 Event System 中添加 HoloLens Input Module 脚本组件，自动会添加 HoloLens Input 脚本，如图 6-37 所示。

（4）其他参数。设置 Canvas 的"Dynamic Pixels Per Unit"为 10，让文字清晰一点，适当调整 Canvas 和其中 UI 的"Height""Width"以及"Scale"的值，使 UI 在屏幕合适位置处。

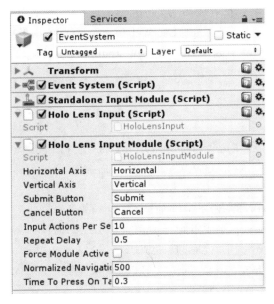

图 6-37 Event System 中添加 HoloLens Input Module 脚本组件

6.3.8 HoloLens 调用 Web Service

Unity 3D 创建的 VS 工程默认不能添加 Web 服务，因此不能按照本书 4.3.4 节介绍的方法（图 4-21）引用 Web Service，HoloLens 调用 Web Service 比较复杂，它需要借助 DLL（动态链接库）进行转换，还需要使用异步方法等知识，下面详细讲解调用过程。

（1）在 VS 2015 中，创建通用 Windows 类库，该类库可以生成供 Windows 设备使用的动态链接库 DLL 文件，如图 6-38 所示。

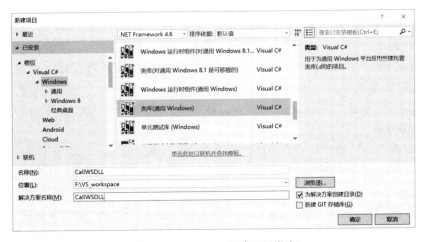

图 6-38 VS 2015 创建通用类库

（2）输入合适的"名称""位置"等信息，点击"确定"，选择匹配的"目标版本"和"最低版本"，点击确定。

（3）在"CallWSDLL"中添加服务应用，调用本书第 2 章发布的基于 IIS 的 Web Service（http://192.168.43.175/CheckUserWebService. asmx？wsdl）。

（4）在"CallWSDLL"中创建 CheckUserWSCall 方法，代码及注释如下：

```
// 引用 Web Service 别名
using ServiceReference1;
public class CallIIS {
    // 本方法为异步方法，用于调用 http://192.168.43.175/CheckUserWebService. asmx？wsdl
    public async Task<bool> CheckUserWSCall（string name）
    {
        // 实例化 CheckUserWebServiceSoapClient
        CheckUserWebServiceSoapClient client = new CheckUserWebServiceSoapClient（）;
        // 异步调用 Web Service 中的 CheckUser 方法
        CheckUserResponse resp = await client. CheckUserAsync（name，"123456"）;
        // 返回 CheckUser 方法的执行结果
        return resp. Body. CheckUserResult;
    }
}
```

（5）依次点击 VS 2015 菜单"生成""重新生成解决方案"，生成通过后，右击 Call-WSDLL，选择"在文件资源管理中打开文件夹"，打开"CallWSDLL \ bin \ Debug"目录，复制目录下的 CallWSDLL. dll 文件。

（6）打开 Unity 2017，在 Assets 下创建 Plugins 目录，并将 CallWSDLL. dll 文件粘贴到该目录下。

（7）在 Unity 2017 中，添加两个按钮和一个 Text，分别命名为"ButtonRight""ButtonError""TextResult"，其中按钮用于执行正确和错误用户名的调用，返回结果在 TextResult 中显示。

（8）设置 Unity 中的 Main Camera、Canvas、EventSystem，并对齐 Canvas 视角，使之能够在 HoloLens 中显示。

（9）在 Unity 中添加 BtnClickEvent 类，在类中添加两个空方法，分别为 ButtonRight（）、ButtonError（）。

（10）将两个方法绑定到对应的按钮中，绑定步骤为：

1）在"Hierarchy"中点击"ButtonRight"按钮，在"Inspector"中点击"Add Component"，添加 BtnClickEvent 类。

2）在"Inspector"中点击"On Click"，拖入"ButtonRight"按钮，并将方法选择为 BtnClickEvent 类的 ButtonRight 方法，如图 6-39 所示。

3）"ButtonError"按钮绑定方法与上述类似。

（11）关闭 Unity（否则后面会出现编译错误），根据前文内容发布 Unity 工程，形成 UWP 工程。在 UWP 工程中，双击"Package. appxmanifest"文件，在"功能"标签中勾选"Internet（客户端）""Internet（客户端和服务器）"等选项。

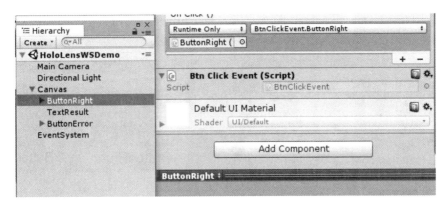

图 6-39　Unity 3D 中绑定按钮点击方法

（12）打开 BtnClickEvent 类，屏蔽 ButtonRight（）和 ButtonError（）两个方法，并输入如下代码：

```
// #if 是伪代码，UNITY_UWP 表示在 UWP 中执行，在 Unity 3D 中不编译
#if UNITY_UWP
CallWSDLL. CallIIS ws;
// Use this for initialization
void Start（）{
    ws = new CallWSDLL. CallIIS（）;
}
public async void ButtonRight（）{
    bool b = false;
    try {
        b = await ws. CheckUserWSCall（"admin"）;
    }catch（Exception ex）{
        GameObject. Find（"TextResult"）. GetComponent<Text>（）. text = ex. ToString（）;
    }
    GameObject. Find（"TextResult"）. GetComponent<Text>（）. text = b + "is returned";
}
public async void ButtonError（）{
    bool b = false;
    try {
        b = await ws. CheckUserWSCall（"admin2"）;
    }catch（Exception ex）{
        GameObject. Find（"TextResult"）. GetComponent<Text>（）. text = ex. ToString（）;
    }
    GameObject. Find（"TextResult"）. GetComponent<Text>（）. text = b + "is returned";
}
#endif
```

（13）将 UWP 发布到 HoloLens，利用 Windows Device Portal（设备门户）捕捉 HoloLens

中的画面，图6-40（a）和（b）分别为点击"ButtonRight"按钮、"ButtonError"按钮的运行结果。

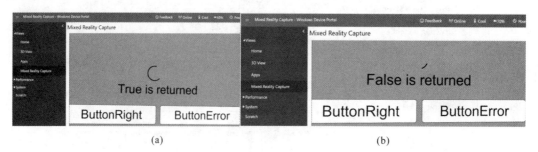

图6-40　HoloLens调用Web Service运行结果

6.4　基于Vuforia的HoloLens识别方法

Vuforia SDK是高通公司针对移动平台推出的增强现实开发包，开发者可以使用此工具实现图像和物体的识别，目前支持Single Image（单一图片）、Cuboid（长方体）、Cylinder（圆柱体、圆锥体）和3D Object（三维实体对象）的识别，本节主要介绍使用HoloLens识别单一图片和三维实体对象的方法，读者可以参考本书内容自行学习长方体、圆柱体、圆锥体的识别技术。

基于Vuforia的HoloLens图像识别主要包括3个大步骤，分别为Vuforia环境搭建、Unity 3D环境配置和HoloLens部署运行，接下来介绍关键步骤。

6.4.1　Vuforia环境搭建

Vuforia环境搭建的步骤较多，几个重要节点是：Vuforia SDK下载与安装、注册开发者账号、申请License Key、创建Vuforia Database、上传图片、下载数据库等，步骤如下：

（1）Vuforia SDK可免费下载，地址为https://developer. vuforia. com/downloads/sdk，下载时需要注意对应的Unity 3D版本号，下载界面如图6-41所示。

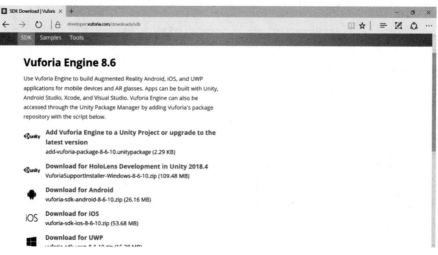

图6-41　Vuforia SDK下载界面

（2）在图 6-41 中还包括 Vuforia 开发的相关工具和示例，有兴趣的读者可以免费下载。使用 Vuforia 开发，需要一个 App License Key 才能使 SDK 正常工作，因此，在开发前，需要先注册一个开发者账号，注册界面如图 6-42 所示。

图 6-42　Vuforia 开发账号注册界面

（3）注册成功后进入"Develop"页，在"License Manager"中添加免费的 License Key，如图 6-43 所示。

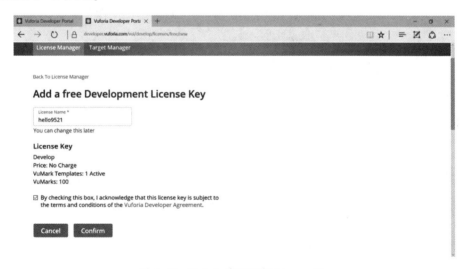

图 6-43　Vuforia 官网添加 License Key

（4）打开注册的 License Key，复制界面中的 Key 码，如图 6-44 所示。

（5）在 Unity 3D 中，依次点击"Vuforia""Configuration"（注意：需要先安装下载 Vuforia Sdk，否则该菜单不会出现），在"Inspector"面板中粘贴图 6-44 的 Key 码，如图 6-45 所示。

（6）在 https://developer.vuforia.com/vui/develop/databases 中，打开"Target Manager"，

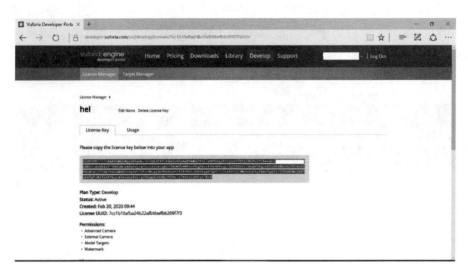

图 6-44　Vuforia 生成的 License Key

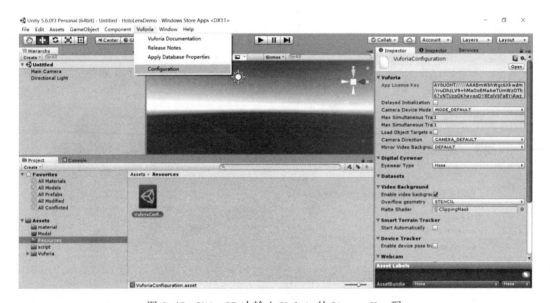

图 6-45　Unity 3D 中输入 Vuforia 的 License Key 码

点击"Add Database",输入数据库 Database 名称,在"Type"中选择"Device",如图 6-46所示。

（7）点击创建后 Database,在弹出的页面点击"Add Target"按钮,增加目标管理对象,如图 6-47 所示。

（8）在"Add Target"界面中,包括 Single Image（单一图片）、Cuboid（长方体）、Cylinder（圆柱体）、3D Object（3D 对象）4 种类型,选择 Single Image,选择上传 File（文件）,并设置 Width（宽度）和 Name（名称）,点击"Add"按钮,如图 6-48所示。

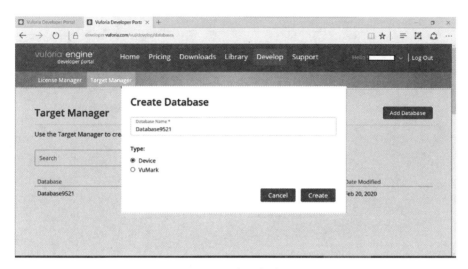

图 6-46　Vuforia 官网创建 Database

图 6-47　Vuforia 官网创建"Add Target"界面

（9）添加完成后，会在列表中显示，其中"Rating"为星级，理论上星级越高，识别和跟踪准确率就越高，最高 5 颗星，本书上传的图片为 3 颗星，读者可以选择上传对比度较强的图片，如图 6-49 所示。

（10）勾选图 6-49 列表中的文件，点击"Download Database"进行下载，在弹出的页面中，选择"Unity Editor"platform（平台），如图 6-50 所示。

（11）至此，完成了基于 Vuforia 的 HoloLens 图像识别的前期工作，下一步需要在 Unity 3D 进行相关配置。

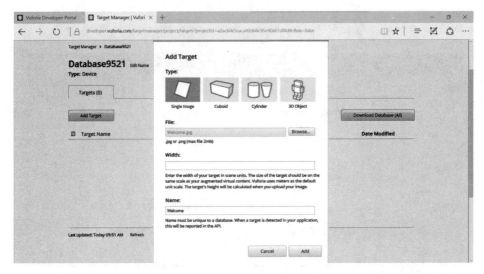

图 6-48　Vuforia 添加 Single Image 对象

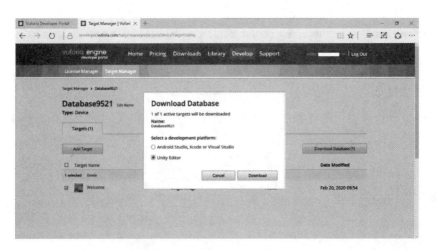

图 6-49　Vuforia Single Image 列表

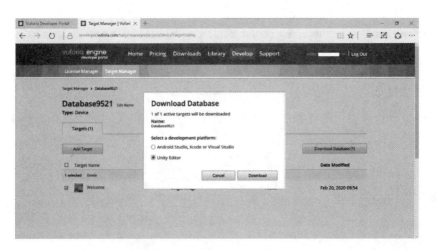

图 6-50　下载 Vuforia Database

6.4.2　Unity 3D 环境配置

（1）将图 6-50 中下载的文件（名称形如 Database9521. unitypackage）导入到 Unity 3D 中，如图 6-51 所示。

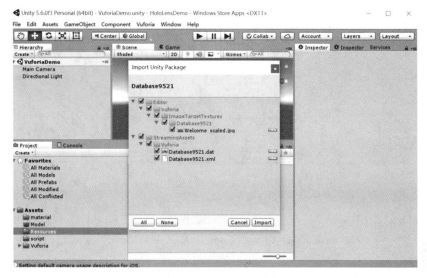

图 6-51　Unity 3D 导入 Vuforia 中下载的 Database

（2）依次点击"Vuforia""Configuration"，在"Inspector"面板中，确认已经粘贴图 6-44 的 Key 码，在"DigitalEyewear"中将"EyewearType"选择为"Optical See-Through"，将"See Through Config"选择为"Hololens"，勾选下载的数据库名称，勾选"Activate"和"Enable video background"，如图 6-52 所示。

图 6-52　Unity 3D 中 Vuforia Configuration 配置

（3）将前一节的 HoloLensCamera. prefab 预设体拖入到"Hierarchy"面板中，再将 Vuforia/Prefabs 目录下的"ARCamera"和"ImageTarget"两个 Prefab（预设体）拖入到"Hierarchy"面板中，如图 6-53 所示。

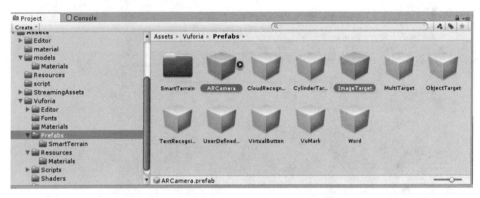

图 6-53　使用 ARCamera 和 ImageTarget 预设体

（4）选中"ARCamera"，在"Inspector"面板中，将"World Center Mode"选择为"CAMERA"，并将 HoloLensCamera 拖至"Central Anchor Point"上，如图 6-54 所示。

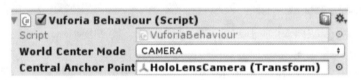

图 6-54　ARCamera 设置

（5）选中"ImageTarget"，选择从 Vuforia 上下载的 Database 和文件名，并设定合适的宽度及高度，勾选"Enable Extended Tracking"，如图 6-55 所示。

图 6-55　ImageTarget 设置

（6）在 Assets 中创建 Models 文件夹，并导入人员 FBX 文件，本书导入上一章的 pump 模型，将模型拖至"Hierarchy"面板的 ImageTarget 下，并增加一个正方体，如图 6-56 所示。

（7）运行 Unity 3D，如果计算机包含摄像头，程序会将其自动打开。将打印或通过手机拍摄后的 welcome 图片对准计算机摄像头，此时会在 Unity 3D 运行界面中显示正方体和 pump 模型，如图 6-57 所示。

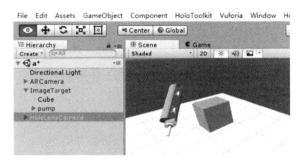

图 6-56　将模型放至 ImageTarget 下

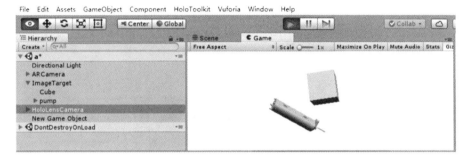

图 6-57　vuforia 识别图片

6.4.3　HoloLens 识别图片

一般来说，只要能在计算机上达到图 6-57 的识别效果，在 HoloLens 上也能正常识别，具体步骤如下。

（1）在 Unity 3D 中，依次点击"File""Build & Settings""Player Settings…"，按照前文讲解的发布到 HoloLens 的要点进行配置，另外需要在"publishing settings""capabilities"中额外勾选如下几个参数："InternetClient""WebCam""SpatialPerception"。

（2）有的读者可能使用 Unity 2017 以上版本，在这些版本中，已经集成了 Vuforia 插件，因此需要在"File""Build & Settings""Player Settings…""XR Settings"中勾选 Vuforia Augmented Reality Support。

（3）在 HoloLens 上运行 HoloLensDemo 程序，HoloLens 会提示是否启动摄像头等设备，此时需要选择"Yes"来启用设备。

（4）设备启用后，HoloLens 视线区域会出现 HoloLensCamera 中配置的颜色（默认为黑色），将打印或手机上 welcome 图片放置于 HoloLens 视线范围内，约 1~2s 后，会显示正方体和 pump 模型。笔者试验过，如果在 ImageTarget 仅仅放入正方体，不放置额外的 FBX 模型，则 HoloLens 几乎能瞬时识别图片，不用等待。

6.4.4　HoloLens 识别三维实体对象

利用 Vuforia+HoloLens 识别三维物体对象，需要首先下载 App 并进行试验，然后将文件上传到 Vuforia 数据库并下载导入到 Unity 3D 中，最后再发布到 HoloLens 中进行识别，以下是详细步骤。

（1）打开 https://developer.vuforia.com/downloads/tool，下载 Vuforia Object Scanner，目前版本为 VuforiaObjectScanner-9.0.12。

（2）解压 VuforiaObjectScanner-9.0.12.zip 文件，里面包括一个 apk 文件和两个 pdf 文件，前者可以在大多数安卓系统上进行安装，后者用于放置待识别物体，需要打印。

（3）将打印后的 A4-ObjectScanningTarget.pdf 放于明亮区域（不要反光），将需要识别的物体放置在纸张带标线区域。

（4）打开手机 Scanner 应用进行识别，识别时，会在手机左前方显示 Points 个数，个数越多，识别效果越好，一般来说，至少需要 100 个点以上。识别完成后，给物体取名，本书识别活动扳手，取名为 wrench。

（5）名称保存后，继续点击 wrench，点击"Test"进行测试，测试方法为：将打印的纸张移开（否则会变成识别纸张），用手机对准待识别扳手，如果在扳手附件显示绿色的长方体，表示识别成功，如图 6-58 所示。

图 6-58　VuforiaObjectScanner 识别扳手

（6）在确认 VuforiaObjectScanner 能够识别物体的前提下（能显示绿色长方体），将 wrench.od 利用 QQ 分享到计算机，并根据前文介绍的方法上传到 Vuforia 网站上，如图 6-59（a）所示，点击 wrench 链接后弹出的界面如图 6-59（b）所示。

图 6-59　上传 wrench.od 到 Vuforia 网站的结果

（7）仿照前文步骤，在 Vuforia 网站下点击"Download Database（all）"下载对象，并导入到 Unity 3D 中，仿照图 6-52 配置 Vuforia，加载 Database9521_ OT 并 Activate（激活）。

（8）在"Hierarchy"中添加 ObjectTarget，将识别扳手后需要显示的虚拟模型拖至 ObjectTarget 下，并在"Inspector"中选择 Database（数据库）和 Object Target（目标对象），

如图 6-60 所示。

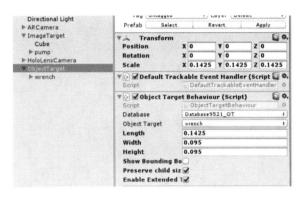

图 6-60　HoloLens 识别三维物体对象的 Unity 3D 配置

（9）将 Unity 3D 工程部署到 HoloLens 上，此时 HoloLens 既能识别图片（利用的是 ImageTarget），也能识别扳手物体（利用 ObjectTarget），识别后显示 ImageTarget、ObjectTarget 下方对象的虚拟对象。

6.5　HoloLens 开发示例

本章示例在第 5 章 Unity 3D 基础上进行重构和完善，使之可以部署和运行在 HoloLens 设备上。因此，主体代码与上一章相同，主要实现如下几个功能：

（1）凝视某个零件时高亮（黄色），不凝视为原始色。

（2）捕捉手势，单击时显示零件名称，双击时移动零件到指定位置。

（3）用户说出 Yes 时，开始拆卸练习，说出 Move 时，零件移动到指定位置。

6.5.1　通过凝视高亮显示零件

凝视高亮显示零件的编程思想与 Unity 3D 中的鼠标悬停类似，主要差别在于 HoloLens 处理语法与 OnMouseEnter 机制不同，关键步骤及代码为：

```
// （1）声明材质实例，用于恢复默认颜色
Material m_material;
// （2）声明 2 个临时实例
GameObject obj = null;
RaycastHit hitInfo;
// （3）在 Start（）中初始化材质
void Start（）{
    m_material = GameObject. Find（"Original"）. GetComponent<MeshRenderer>（）. material;
}

private void Update（）{
    // （4）将物体材质恢复成原始颜色
    if（obj ! = null）
        obj. GetComponent<MeshRenderer>（）. material. color = m_material. color;
```

```
        if（Physics. Raycast（Camera. main. transform. position，
            Camera. main. transform. forward，
            out hitInfo, 50f, Physics. DefaultRaycastLayers））
        {
            // (5) 将碰撞到的物体记录在 obj 中
            obj = hitInfo. collider. gameObject；
            // (6) 凝视后将被碰撞物体材质的颜色变为黄色
            obj. GetComponent<MeshRenderer>（）. material. color = Color. yellow；
        }
    }
```

6.5.2　通过手势显示及移动零件

通过手势操作实现零件的显示和移动，其中单击时在场景中显示零件名称，双击时将零件移动到指定位置，主要代码如下：

```
// 各零件拆除后的存放位置（可以放在配置文件中，也可以在 Start（）方法中硬编码初始化
Dictionary<string, Vector3> partPosition；
// 每个零件的拆卸后位置放入 keyPosition 中
voidStart（）
{
    partPosition = new Dictionary<string, Vector3>（）；
    partPosition. Add（"后盖", new Vector3（15, 0f, 1））；
    partPosition. Add（"齿轮 1", new Vector3（30f, -10f, 1））；
    partPosition. Add（"齿轮 2", new Vector3（45f, -10f, 1））；
}
private void OnTappedEvent（InteractionSourceKind source, int tapCount, Ray headRay）
{
    // 获取用于显示名称的 Text 对象
    GameObject txtName = GameObject. Find（"txtName"）；
    // 捕捉到手势
    if（source == UnityEngine. VR. WSA. Input. InteractionSourceKind. Hand）
    {
        // 获取碰撞体
        GameObject obj = hitInfo. collider. gameObject；
        RaycastHit hitInfo；// 存储碰撞体
        // 单击时显示零件名称
        if（tapCount == 1）
        {
            // 获取碰撞体位置
            Vector3 pos = obj. transform. position；
            // 在零件上方显示名称
            pos. y += 5；
```

```
        txtName. GetComponent<TextMesh> (). transform. position = pos;
        // 显示零件名称
        txtName. GetComponent<TextMesh> (). text = obj. name;
    }
    // 双击时零件离开到指定位置
    if (tapCount = = 2)
    {
        obj. transform. position = keyPosition ["obj. name"];
    }
    }
}
```

6.5.3   通过语音拆卸零件

通过语音代替手势录入。当用户说出 Yes 后，相当于点击"开始拆卸"按钮进行拆卸练习，说出 Move 时，零件移动到指定位置，功能与上述双击相同，主要代码如下：

```
// 初始化关键字字符串
string [] keywordsArr = {"Yes","Move"};
// Awake () 方法中绑定语音对应动作方法
keywords. Add (keywordsArr [0], YesAction);
keywords. Add (keywordsArr [1], MoveAction);
void YesAction ()
{
    // 执行开始拆装练习，如某些控件的显示或隐藏，场景切换等工作。
}
void MoveAction ()
{
    // 核心代码与双击手势一样。
    obj. transform. position = keyPosition ["obj. name"];
}
```

第三篇　综合案例篇

本篇在综合运用前 6 章所述知识的基础上，运用网络技术、C#语言、Unity 3D 引擎和 HoloLens 设备，以某型定轴式变速器为对象，设计、开发一套增强型虚拟示教系统。本篇由 3 章组成，第 7 章讲解示教系统的设计，包括系统需求分析、功能以及硬件组成、逻辑结构、软件架构、技术体系、开发工具等。第 8 章介绍本案例的网络管理分系统，包括数据库设计和主页、注册、查询页面的详细设计与实现。第 9 章为虚拟示教分系统的设计与实现，包括通用模块设计以及虚拟示教功能实现的具体过程。

第 7 章　虚拟示教系统案例设计

扫一扫
看本章插图

7.1　需求分析

变速器是机械车辆的重要组成部分，它可以改变传动比，扩大驱动轮转矩和转速的变化范围，以适应经常变化的行驶条件；使机械车辆倒退行驶；利用空挡，中断动力传递。变速器相关知识是机械工程、车辆工程类专业课程教学和技能培训的重要内容。本书以某型液压传动、机械换挡、定轴式变速器为对象，以 HoloLens 眼镜及其相关后台服务为载体，介绍某型定轴式变速器虚拟示教系统的设计、开发、部署和使用方法，实现变速器的结构组成、工作原理、拆卸装配、故障分析、维护保养等虚拟示教功能，具体需求如下：

（1）建立定轴式变速器三维数字模型，且模型的尺寸、大小、颜色及其主要零件与实物基本一致。

（2）系统能够在 HoloLens 设备上稳定运行，并能识别变速器上主要零件，显示重要零件的基本信息，能够通过手势、语音等方式对虚拟零件进行拆卸等操作。

（3）包含网络版的管理终端，可以在计算机或移动端注册新用户，能够录入、修改、维护相关信息，包括拆卸顺序、故障判断、维护保养等。

（4）能够利用在网页上注册的用户名进行登录验证，并能从远程获取拆卸顺序、故障判断和维护保养等数据。

（5）故障判断等相关知识应该与登录用户的等级有关，即，不同层次的用户训练的故障现象不一样，用户层次越高难度越大。

7.2　功能与模块

根据上述分析，本案例应该由两个分系统组成，分别为网络管理分系统和虚拟示教分系统，各分系统又由若干模块组成，具体如下：

网络管理分系统包括网页终端、后台服务端两部分，具体实现用户管理、拆装管理、故障管理和维护保养规范管理等基本数据管理模块。其中用户管理实现在网页终端上进行用户的注册、修改密码和查询功能，注册的用户供 HoloLens 训练前登录验证。拆装管理主要是对零件的拆装顺序以及拆卸后的存放位置进行管理。故障管理包括常见故障的录入、修改和查询，此外，故障与用户等级有关，不同等级的用户学习训练的故障不一样。维护保养规范管理主要是录入和更新规范，供训练者学习。

虚拟示教分系统用于在 HoloLens 设备终端上运行，包括三维模型建立和具体的虚拟示教操作，其中模型的建立需要先设计零件，然后装配成完整模型，并配合恰当的场景贴图。虚拟示教作为本案例的核心功能，包括变速器模型的部署运行以及登录、形态认知、结构组成、工作原理展示、虚拟拆卸、故障分析与判断、维护保养等子模块，模块关系及各子模块的具体功能如图 7-1 所示。

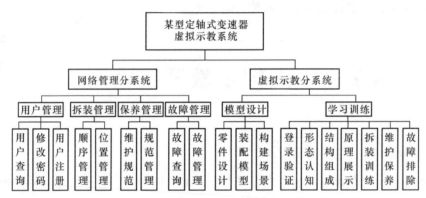

图 7-1　某型定轴式变速器虚拟示教系统功能模块

上述功能模块中，网络管理分系统的网页界面可以在 PC 机浏览器或手机移动终端上运行，当然，也可以在 HoloLens 眼镜上通过浏览器进行操作。虚拟示教模块主要在 HoloLens 上进行，通用也可以在 Unity 3D 上将系统发布成 WebGL，然后在浏览器上操作。部分子模块的功能描述如表 7-1 所示。

表 7-1　某型定轴式变速器虚拟示教系统部分子模块功能描述

序号	子模块名称	功能描述
1	用户注册	在网页上注册新用户，供 HoloLens 练习者登录，用户账户唯一，用于记录考核评价结果
2	维护规范	主要实现录入的维护保养规范进行查询、修改、删除等功能
3	零件设计	利用 Solidworks、3D Max 等工具建立一个个独立的零件模型，它是识别、高亮和信息显示的主要依据
4	装配模型	将各个独立的零件利用它们之间的配合关系进行装配，形成完整的变速器模型
5	形态认知	用于 HoloLens 凝视时，可以识别变速器的重要零件的名称、基本信息和作用等
6	原理展示	用于在 HoloLens 设备上显示变速器的工作过程和原理
7	拆装训练	能够在 HoloLens 设备上通过手势、语音等方式对虚拟零件进行拆装，拆卸零件的顺序和拆卸后的存放位置来自于网络管理分系统的拆装管理模块

续表 7-1

序号	子模块名称	功 能 描 述
8	维护保养	向训练者提供变速器等设备的维护保养常识与方法，知识点来自于网络管理分系统的保养管理模块
9	故障排除	分析和判断某个故障现象与哪些零件相关，然后通过手势、语音等手段进行选取，最后对故障进行排除，故障现象及答案来自于网络管理分系统的故障管理模块，且与用户等级相关

7.3　系统设计

7.3.1　硬件组成

本案例需要在网络环境下运行，因此必须包括能够提供网络环境的路由器等设备，此外，还必须包含 HoloLens 眼镜、服务器、管理终端等，系统所需硬件及关系如图 7-2 所示。

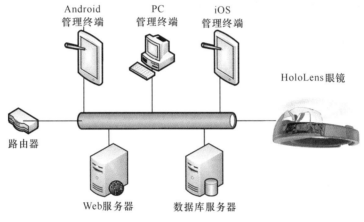

图 7-2　综合案例硬件组成

从图 7-2 可以看出，管理终端可以是 PC 机，也可以是 Android、iOS 等移动设备，甚至可以是 HoloLens 眼镜，各设备通过局域网连接形成有机整体。从分系统角度看，网络管理分系统的硬件包括管理终端、Web 服务器和数据库服务器，虚拟示教分系统包括HoloLens 眼镜、Web 服务器和数据库服务器，各硬件的主要作用如表 7-2 所示。

表 7-2　综合案例各硬件作用

序号	硬件名称	主 要 作 用
1	路由器	构建局域网，发出 WiFi 信号
2	数据库服务器	存储 HoloLens 训练者的基本信息以及故障、拆装、维护保养管理等基础数据
3	Web 服务器	为网页终端提供 Web 服务；为 HoloLens 用户登录及学习训练情况提供 Web 服务
4	Android、PC、iOS 管理终端	通过浏览器等手段实现用户的注册、修改和查询；拆卸顺序和位置的调整；故障现象的录入与更新；维护保养题库的录入与更新
5	HoloLens 眼镜	本系统核心部件，实现对变速器的形态认知、结构组成、拆装训练、故障判断、维护保养等知识的学习与训练

7.3.2　逻辑结构

在物理架构基础上，本案例的逻辑结构按照 3 个层次的方式组织，分别为基础设施层、Web 服务层、终端层，如图 7-3 所示。

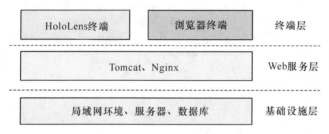

图 7-3　综合案例逻辑结构

图 7-3 中，基础设施层提供最基本的公共服务，包括局域网环境、物理服务器和数据库。终端层包括 HoloLens 终端和浏览器终端，前者用于虚拟示教的具体操作，后者通过网页实现数据的基本管理。

Web 服务层提供网络后台服务，同时向网页和 HoloLens 提供的 Web 服务。随着国产化和使用开源软件的需求越来越迫切，本案例的 Web 服务层以 Tomcat 为 Web 容器，Nginx 为反向代理服务器，Java 为主体开发语言，它们具有开源、免费、性能稳定、使用广泛等特点，也就是说，本案例需要使用 J2EE（Java 2 Platform Enterprise Edition）体系架构。

7.3.3　软件架构

如前所述，本案例采用 J2EE 体系架构，具体采取三层架构、MVC 设计模式和 SSM 软件架构相结合的方式进行，三者关系从针对性角度看，越来越细，越来越有针对性。三层架构是一种通用的软件架构，适用于 C#、Java 等多种语言开发，在 BS 网络开发、CS 客户端开发、AR 虚拟开发等领域均有广泛的应用。MVC 模式侧重于 BS 网络开发，尤其在 JSP 模型 I（JSP 中大量嵌入 Java 代码）开发方式向模型 II（采用 JavaBean+Servlet 相结合的方式）开发方式过渡时，体现了巨大优势。SSM（Spring + Spring MVC + MyBatis）软件架构则具体到开发技术，它是在 JSP 模型 II 开发方式、SSH（Struts + Spring + Hibernate）架构之后又一个得到广泛应用的架构体系，下面分别进行简要介绍。

7.3.3.1　三层架构

在软件体系架构设计中，分层式结构是最常见，也是最重要的一种结构，其中，三层架构是分层结构中最常见的结构之一，它包括表示层（有时称为显示层）、数据访问层和业务逻辑层，各层的主要作用为：

（1）表示层：向用户呈现相关数据或界面信息，包括 HTML、JSP 文件和 HoloLens 终端系统，用于展示、维护相关信息。

（2）数据访问层：通过 JDBC、连接池等技术实现对数据的查询、添加、修改和删除。

（3）业务逻辑层：用于处理业务逻辑，它调用数据访问层的数据，处理完相关业务后，将结果返回给表示层，同时封装业务实体，供各层使用。

三层之间松散耦合，内部紧密聚合，目的就是形成"高内聚、低耦合"的架构机制，各层之间的关系如图 7-4 所示。

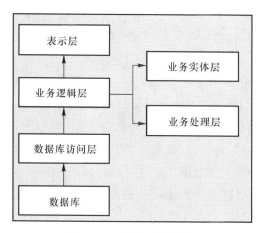

图 7-4　三层架构关系图

图 7-4 中，表示层仅能调用业务逻辑层，不能直接调用数据访问层，既实现隔离，又能让各层专注于本层事务。在业务逻辑层中，包含实体层和处理层，其中的实体层与数据库表结构基本一致，处理层完成具体的逻辑运算等工作。

7.3.3.2　MVC 设计模式

MVC 设计模式（模型 Model+视图 View+控制器 Control）是 Web 开发中最常见的模式，也是一种软件设计典范，用于将业务逻辑、数据、界面显示相分离的代码组织方法，将业务逻辑聚集到一个部件里面，在改进和个性化定制界面及用户交互的同时，不需要重新编写业务逻辑，各层的主要作用为：

（1）视图层 View：视图层与三层架构的表示层基本相同。

（2）模型层 Model：包括上述业务逻辑层和数据访问层的相关类或接口。

（3）控制层 Control：用于接收视图层的数据，并将模型层的结果返回给视图层，介于视图层与模型层之间，它仅调用，一般不处理业务。

与三层架构类似，MVC 模式同样以"高内聚、低耦合"为目的，MVC 内外部关系如图 7-5 所示。

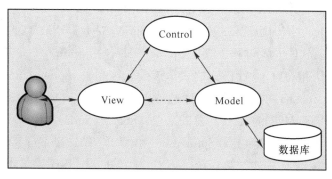

图 7-5　MVC 设计模式关系图

图 7-5 中，用户直接与视图 View 联系，隔离了模型及数据库，增强了系统安全性。视图 View 与控制层 Control 存在直接信息交互，但是与模型 Model 仅存在间接交互关系（图中为虚线），虽然增加了代码量，但是可以大大降低系统的维护成本。

7.3.3.3　SSM 软件架构

SSM 架构即 Spring + Spring MVC + MyBatis 软件架构，其中 MyBatis 实现对 JDBC 的封装，使数据库底层操作变得透明。MyBatis 的操作围绕一个 SqlSessionFactory 实例展开，它通过配置文件关联到各实体类的 Mapper 文件，Mapper 文件中配置了每个类对数据库所需进行的 SQL 语句映射。在每次与数据库交互时，通过 SqlSessionFactory 得到一个 SqlSession，再执行 SQL 命令，供数据访问层调用。

Spring MVC 分离了控制器、模型对象、分派器以及处理程序对象的角色，用于拦截用户请求，连接表示层（视图）和业务逻辑层（模型）。它的核心 Servlet 即 DispatcherServlet 承担中介或是前台这样的职责，将用户请求通过 HandlerMapping 去匹配 Controller，Controller 就是具体对应请求所执行的操作。

Spring 的核心思想 IoC、AOP 等，用于处理具体的业务逻辑，连接 Spring Control（控制器）和数据访问类，同时用于串联整个软件框架，是系统运行的基石。

随着 Spring 的发展，它已包含多个模块，如 Spring IoC、Spring Context、Spring AOP、Spring DAO、Spring ORM、SpringWeb、Spring MVC，SSM 就是 Spring 的一个具体应用，SSM 框架如图 7-6 所示。

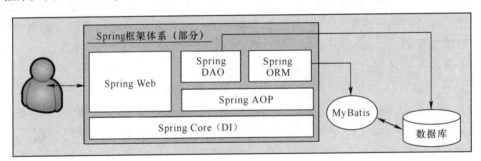

图 7-6　SSM 体系图

图 7-6 是 SSM 关联体系图，居于核心地位的是 Spring 框架，该框架的核心又是 Spring Core（即控制反转 Ioc、有时也称依赖注入 DI）、Spring Web、ORM、DAO、AOP 分别以不同的角度简化和封装软件开发过程，其中 Spring Web 包括 Spring MVC 等组件，它与用户交互数据（三层架构和 MVC 设计模式的表示层受它控制），Spring ORM 为数据实体关系映射组件，它通过 MyBatis 可以实现数据库的持久化工作。Spring DAO 也可以直接访问数据库，这样就不依赖于 MyBatis 工具。总的来说，SSM 是 Spring、Spring MVC、MyBatis 的首字母简称，第一个字母 S 实际上是 Spring Core 和 AOP，第二个字母 S 位于 Spring Web 组件中实现具体的 MVC 设计模式，第三个字母 M 为 MyBatis，用于以 XML 的形式封装 SQL 语句，实现数据的持久化工作。

7.3.4 技术体系

本案例涉及多种开发技术，从大的方面看，包括三维数字建模技术、增强现实理论、数据库技术、网络开发技术等，各种技术应用的关联关系如图 7-7 所示。

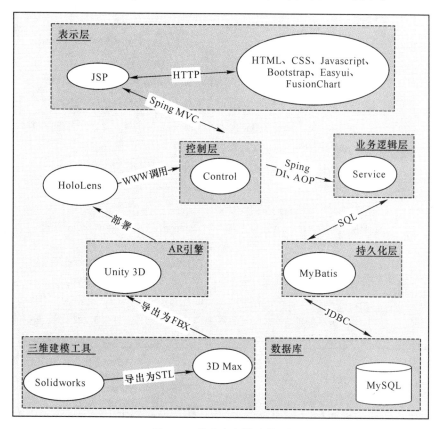

图 7-7 综合案例技术体系

图 7-7 中，三维建模工具包括 Solidworks、3D Max 等，用于建立变速器的三维模型，二者之间通过 STL 格式进行转换。Unity 3D 用于开发增强现实示教系统，模型文件来自于 3D Max 导出的 FBX 格式，开发完成后部署到 HoloLens 中。数据库采用 MySql，它可以方便地被 JDBC 使用。网络管理部分包括持久化层、业务逻辑层、控制层和表示层，术语和前文介绍的三层架构及 MVC 设计模式相一致。各种技术的主要作用及其与外部关联关系如表 7-3 所示。

表 7-3 综合案例关键技术及主要作用

序号	关键技术	主要作用	外界关联
1	Solidworks	建立变速器三维数字模型	导出 STL 文件，供 3D Max 导入
2	3D Max	完善变速器三维数字模型，构建部分动画效果	导入文件为 Solidworks 导出的 STL 文件；导出 FBX 文件，供 Unity 3D 使用
3	Unity 3D	开发变速器 AR 应用	导入文件为 3D Max 导出的 FBX 文件；发布成可以部署到 HoloLens 设备的 Visual Studio 工程

续表 7-3

序号	关键技术	主要作用	外界关联
4	HoloLens	运行 Unity 3D 开发的 AR 应用，实现本案例的主要功能	由 Visual Studio 工程发布导入；此外，利用 SOAP 协议和 Web Service 技术调用 Web 服务，实现登录验证及学习训练过程记录等功能
5	MyBatis	持久化工具，用于封装 SQL 语句，添加、修改、删除和查询数据库数据	通过 JDBC 和连接池等技术连接 MySql
6	JSP	建立表示层网页	通过 Spring MVC 与后台交互数据
7	HTML	构建 JSP 文件的主框架结构	通过 HTTP 与后台交互数据
8	CSS	建立网页的层叠样式表，优化网页外观和布局	通过<style>标签在 HTML 或 JSP 中直接应用；或通过<link>引用独立的 CSS 文件
9	Javascript	建立网页交互脚本，实现各种验证和特效	通过<srcipt>标签在 HTML 或 JSP 中直接应用；或通过<srcipt>的 src 属性引用独立的 JS 文件
10	Bootstrap	建立网页布局整体结构，实现响应式布局，在 PC 或手机终端等不同分辨率的设备上，显示自适应效果	<link>引用独立的 CSS 文件；通过<srcipt>引用独立的 JS 文件
11	EasyUI	建立端庄大气的表单元素，包括文本框、按钮、表格等	<link>引用独立的 CSS 文件；通过<srcipt>引用独立的 JS 文件
12	FushionChart	绘制美观的饼状图、柱状图等各种统计图形	<link>引用独立的 CSS 文件；通过<srcipt>引用独立的 JS 文件

7.3.5　开发工具

本案例涉及的技术需要依赖于多种产品（工具、平台和 IDE），本书列出部分软件产品版本，如表 7-4 所示，供读者参考。

表 7-4　综合案例关联产品

序号	产品名称	常用版本	用　途
1	Solidworks	2014、2017，等	导出 STL 文件，供 3D Max 导入
2	3D Max	2009、2014，等	导入文件为 Solidworks 导出的 STL 文件；导出 FBX 文件，供 Unity 3D 使用
3	Unity 3D	5.6、2017，等	导入文件为 3D Max 导出的 FBX 文件；发布成可以部署到 HoloLens 设备的 Visual Studio 工程
4	Visual Studio	2015、2017、2019，等	由 Visual Studio 工程发布导入；此外，利用 SOAP 协议和 Web Service 技术调用 Web 服务，实现登录验证及学习训练过程记录等功能
5	JDK	1.6、1.7、1.8，等	构建 Java 运行时工作环境
6	Tomcat	6、7、8，等	提供 Java Web 服务
7	Eclipse/MyEclipse	10、2019，等	编写 JSP、HTML、CSS、Javascript、Bootstrap、EasyUI、FushionChart、Spring MVC、DI、AOP 等 Java Web 相关代码

第 8 章　网络管理分系统设计与实现

扫一扫

看本章插图

　　网络管理分系统用于对本案例的基础数据进行辅助管理，它采用 BS（浏览器 Browser +服务器 Server）架构，包括用户管理、拆装管理、故障管理和保养管理，其中用户管理包括用户注册、修改密码及查询，只有注册之后，才能在 HoloLens 眼镜上登录，因此，网络管理分系统和虚拟示教分系统为同一个数据库。

8.1　影响因素

　　网络管理分系统采用 Java Web 开发技术，涉及的技术比较多，考虑的因素也很多，包括硬件设备，软件产品选择，技术体系架构，并发数，美观大气等，具体如下：

　　（1）数据库：

　　1）数据库服务器硬件的性能如何，能稳定工作多长时间；

　　2）数据库软件产品如何选择，开源免费产品是否符合要求；

　　3）存储数据有多大，存储空间是否足够，是否需要借助于云计算等手段；

　　4）是否需要分布式存储，如果采取分布式存储，数据准确性、可靠性如何保证；

　　5）是否需要国产化硬件和软件产品。

　　（2）服务器：

　　1）服务器的硬件性能因素，能稳定工作多长时间；

　　2）采取何种服务器软件，分析开源免费产品是否符合要求；

　　3）并发量过高时，服务器是否能稳定运行；

　　4）是否需要建立负载均衡机制；

　　5）是否需要国产化硬件和软件产品。

　　（3）用户数：

　　1）网络服务器面向的客户端数量有多少；

　　2）同一时刻用户的并发量多大。

　　（4）美观易用性：

　　1）呈现给用户的界面是否美观大气，是否适用于对应的用户；

　　2）页面操作是否符合大多数用户习惯；

　　3）不同浏览器的显示效果是否一致，是否需要限定客户端浏览器；

　　4）PC 端和手机端是否能兼容。

　　（5）易维护性：

　　1）编写的代码易阅读，易修改；

　　2）代码能适合不同的浏览器，且不受浏览器版本影响；

　　3）需求变更时，代码改动量较小，局部的改动不影响整体效果；

　　4）代码及相应的文档易于归档；

5）系统易于升级改造。

（6）安全性：

1）代码是否有漏洞，是否考虑到 SQL 注入等攻击手段；

2）是否考虑跨站点执行、跨域伪造等特殊情况；

3）存在本地的缓存是否安全。

还有其他需要考虑的因素，本书不再一一列举，有兴趣从事 BS 开发的读者可以进一步深入研究。限于篇幅原因，本书在代码中并未体现上述所有因素，也不列出所有模块的代码。

本章以用户注册（属于数据 update 范畴）、查询（属于数据 query 范畴）为典型示例，建立较为完整的融合三层架构、MVC 设计模式的软件系统，为用户进一步开发提供参考，读者可以在现有代码基础上尝试编写"录入故障""故障维护"两个子模块，如果读者需要进一步了解 SSM 编程技术，可以参考编者编写的《装备管理信息系统开发及应用（第 2 版）》一书或其他相关资料。

8.2　数据库设计

根据上一节说明，本章以用户注册与查询为例，为简化代码量突出重点，案例采用 MySql 数据库，用户信息表仅有一个，且仅有 5 个字段，没有外键，各列名称及说明如表 8-1 所示。

表 8-1　用户信息表 UserInfo 结构说明

序号	列名	含　义	数据类型（长度）	可否为空	说　明
1	UserId	用户编号	char（20）	否	主键，唯一编号
2	Name	用户名	varchar（20）	否	唯一
3	Pwd	密码	varchar（20）	否	为简化代码，未加密
4	Phone	手机号	char（11）	否	
5	Email	电子邮件	varchar（50）	是	

UserInfo 表仅 5 个 char 或 varchar 型字段，且不引用其他表的主键，因此它对应的实体类应该也是 5 个字符串型字段，具体代码为：

```
public class User {
    private String userId;
    private String name;
    private String pwd;
    private String phone;
    private String email;
    public User（String name, String pwd, String phone, String email){
        this. name = name;
        this. pwd = pwd;
        this. phone = phone;
        this. email = email;
```

```
    }
    public User（String userId，String name，String pwd，String phone，String email）{
        this. userId = userId；
        this. name = name；
        this. pwd = pwd；
        this. phone = phone；
        this. email = email；
    }
    public String getName（）{ return name；}
    public void setName（String name）{this. name = name；    }
// 其他 Getter、Setter 代码类似
```

上述代码比较简单，基本上与表结构一致，需要稍微注意的是，在 User 类中包含了两个构造方法，其中一个没有给 userId 赋值，另外提示读者回忆一下，User 类明确声明了有参数的构造方法，此时无参数构造方法已经被覆盖不能再使用，因此，如下代码会产生编译错误。

```
// 当显式声明有参数构造方法时，Framework 不再自动生成无参数构造方法
User u = new User（）；
```

实体层代码相对简单，使用 Eclipse 等工具可以自动生成此类，基本不需要手工编写，下面开始重点介绍网络管理分系统首页、注册、查询的设计与实现方法。

8.3　系统主页设计与实现

8.3.1　主页构成

系统主页文件为 index. jsp，用于显示网络管理分系统的主题功能，通过导航、按钮及相关提示完成各项操作，它包含 HTML、CSS、JS 等各类元素，并引用相关文件，具体组成及引用关系如图 8-1 所示。

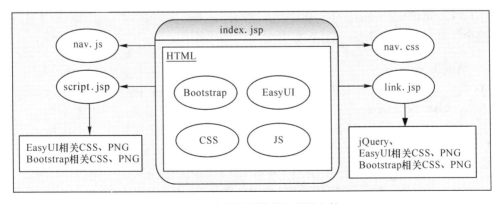

图 8-1　案例主页结构与引用文件

HTML 形成骨架，Bootstrap 进行布局，EasyUI 美化界面，CSS 设定样式，Javascript 实现效果，index. jsp 完成整合。

8.3.2　主要代码

8.3.2.1　主页文件 index. jsp

index. jsp 代码由 3 部分构成, 分别为 MyEclipse JSP 默认首部、<head>标签和<body>标签, 其中<head>标签包括默认首部和 CSS、JS 外部文件引用, <body>标签又包括 3 个部分, 分别对应网页的 Top、Left、Main 3 个区域。

A　CSS、JS 外部文件引用

主页文件 index. jsp 引入 nav. js、link. jsp 和 script. jsp, 后两者又继续引用其他的 CSS 和 JS 文件, index. jsp 引用文件的代码如下:

```
<%@ include file="link. jsp"%>
<%@ include file="script. jsp"%>
<script type="text/javascript" src="js/nav. js"></script>
```

上述代码中, 采用<%@ include%>指令静态引入 jsp 的文件内容, <script>直接引用 nav. js 文件。

B　<body>标签的 Bootstrap 布局

index. jsp 在以 HTML 为骨架的基础上, 在<body>标签中以 Bootstrap 进行布局, 布局从<div id="content" class="row-fluid">开始, 以</div>结束, 在 content 的 div 中, 将页面水平分成 12 等份, 每一份对应一个 CSS 的 class, 如果将某个标签的 class 设定为 "col-md-12", 表示该标签横向铺满, 一般用于网页的 top 或 bottom 部分。相类似, 如果将 class 设定为 "col-md-2", 表示该标签宽度占屏幕横向分辨率的 2/12 的比例, 假设显示器分辨率为 1920×1680 像素, 则 "col-md-2" 标签对应的宽度为 1920×2/12=320 像素, 因此, 通常将页面左侧的导航条标签设为 "col-md-2" 或 "col-md-3" 左右。

C　Top 区域代码

Top 区域位于运行后页面的上部, 对应代码包含在<div id="top" class="col-md-12" style="background:url ('image/top. png')">标签内, 表示该区域以 Top. png 为背景, 横向扩展整个屏幕 (纵向不扩展), 代码如下:

```
<! -- Top 区域 -->
<div id="top" class="col-md-12" style="background:url ('image/top. png')">
  <nav class="navbar navbar-inverse">
      <div class="navbar-header">
          <button type="button" class="navbar-toggle collapsed" data-toggle="collapse" data-target=
"#navbar-menu" aria-expanded="false">
              <span class="sr-only">Toggle navigation</span>
              <span class="icon-bar"></span>
              <span class="icon-bar"></span>
              <span class="icon-bar"></span>
          </button>
```

```
        <a class="navbar-brand" href="#">Sample</a>
    </div>
    <div id="navbar-menu" class="collapse navbar-collapse">
        <ul class="nav navbar-nav">
            <li class="active"><a href="#">用户管理</a></li>
            <li><a href="#" target="mainFrame">拆装管理</a></li>
            <li><a href="#" target="mainFrame">故障管理</a></li>
            <li><a href="#" target="mainFrame">保养管理</a></li>
        </ul>
    </div>
</nav>
```

上述代码中，CSS 类样式 navbar-toggle collapsed、collapse navbar-collapse 等组合使用，实现动态检验客户端分辨率效果，当分辨率较高时，以宽屏方式显示，当客户端为手机等小分辨率时，自动折叠相关内容。

D　Left 区域代码

Left 区域位于运行后页面 Top 区域下方的左侧部分，对应代码包括在<div class="col-md-2" style="background-color:#316a91;height:170px">标签内，表示该区域宽度占横向分辨率的 2/12，即 1/6 的宽度。

```
<!-- Left 区域，位于左下侧，用于导航 -->
<div class="col-md-2" style="background-color:#316a91;height:170px">
<ul style="color:#316a91">
<li><a href="#" onclick="navClick('userPwd')" class="ahref">修改密码</a>
<li><a href="#" onclick="navClick('userReg')" class="ahref">用户注册</a>
<li><a href="#" onclick="navClick('userQuery')" class="ahref">用户查询</a>
</ul>
</div>
```

上述代码显示了"用户管理"模块的 3 个子模块的链接，各链接包含在<ul>的<li>列表中，超链接的 CSS 引用 nav.css 的 ahref 类样式，ahref 定义在本节的后续内容中。

E　Main 区域代码

Main 区域位于运行后页面 Top 区域下方的右侧部分，是页面的主显示区，为了增加代码灵活性，在<div class="col-md-10" style="background-color:grey;text-align:left">标签内包含一个<iframe>标签，当点击 Left 区域的导航区时，<iframe>的 src 属性引用相应的 JSP 文件，进而控制 Main 区域的显示内容。默认情况下，<iframe>"Style"的"display"值为"none"，表示打开首页时，iframe 引用的页面隐藏。在<iframe>标签下有一个<img>标签，显示变速器图片，代码如下：

```
<!-- Main 区域，位于右下侧，呈现主要内容 -->
<div class="col-md-10" style="background-color:grey;text-align:left;">
```

```
<iframe style="width:100%;height:100%;display:none" src="" id="ifm"></iframe>
    <img id="gearbox" src="image/gearbox.png"/>
</div>
```

8.3.2.2　自定义 Javascript 文件 nav.js

nav.js 被 index.jsp 引用，包含一个函数 navClick（file），用于控制 Main 区域的显示效果。函数中，首先将 id 为"gearbox" 的 img 标签隐藏，并将<iframe>显示，然后根据传入的参数，控制 main 区域的显示文件，代码如下：

```
function navClick（file）{
    // 隐藏首页的变速器图片
    document.getElementById（"gearbox"）.style.display = "none";
    // 显示 iframe
    document.getElementById（"ifm"）.style.display = "block";
    if（file == "userReg"）
        document.getElementById（"ifm"）.src = "user/reg.jsp";
    else if（file == "userPwd"）
        document.getElementById（"ifm"）.src = "user/pwd.jsp";
    else if（file == "userQuery"）
        document.getElementById（"ifm"）.src = "user/query.jsp";
}
```

上述代码中，navClick 有一个参数 file，当输入不同的参数值时，就会切换<iframe>标签的 src 属性。举例来说，在 index.jsp 的 Left 区域中，点击"用户注册"时，实际上执行了代码<a href="#" onclick="navClick（'userReg'）" class="ahref">用户注册</a>，点击时触发的 onclick 事件调用了 navclick 方法，输入参数为"userReg"，意味着此时 navClick 的 file 参数值为"userReg"，根据 if 判断语句，执行 document.getElementById（"ifm"）.src = "user/reg.jsp"；于是，index.jsp 的 Main 区域中<iframe>标签显示 user 文件夹下的 reg.jsp 文件内容。

8.3.2.3　自定义 CSS 文件 nav.css

nav.css 定义了两个 CSS 类，分别用于控制 Left 区域导航链接、Top 区域中案例名称的显示样式，代码如下：

```
.ahref{color:#d6e6f1;font-size:20px;line-height:2em;letter-spacing:0.2em;}
.namecss{font-family:华文行楷;font-size:30px;color:red;line-height:2em;}
```

css 的默认编码为 ANSI，但上述代码中包含了中文内容，因此需要进行编码转换，否则开发环境 MyEclipse 不能识别，步骤如下：
（1）将 nav.css 以记事本的方式打开；
（2）将本文件另存为同名称文件，但是编码改成"UTF-8"，点击保存，如图 8-2 所示；
（3）回到 MyEclipse 开发环境，刷新所有代码。

图 8-2 修改 nav. css 的编码方式

8.3.2.4 JS 通用引用文件 script. jsp

script. jsp 用于引用 jQuery 和 Bootstrap 的 js 文件，代码如下：

```
<script type="text/javascript" src="bootstrap/dist/js/jquery-1.11.3.min.js"></script>
<script type="text/javascript" src="bootstrap/dist/js/bootstrap.min.js"></script>
```

8.3.2.5 CSS 通用引用文件 link. jsp

link. jsp 用于引用一些通用的 CSS 文件，主要是 Bootstrap 样式以及为了显示自适应分辨率效果的 PNG 文件，代码如下：

```
<link href="css/bootstrap.css" rel="stylesheet"/>
<link href="css/nav.css" rel="stylesheet"/>
<link href="assets/css/bootstrap.min.css" rel="stylesheet">
<link type="text/css" href="assets/css/font-awesome.min.css" rel="stylesheet"/>
<link href="assets/css/docs.css" rel="stylesheet">
<link href="assets/js/google-code-prettify/prettify.css" rel="stylesheet">
<link rel="apple-touch-icon-precomposed" sizes="114x114" href="assets/ico/icon-114.png">
<link rel="apple-touch-icon-precomposed" sizes="72x72" href="assets/ico/icon-72.png">
<link rel="shortcut icon" href="assets/ico/favicon.png">
```

8.3.3 运行结果

网络管理分系统首页包括 3 个部分，上面为模块菜单，包括用户管理、拆装管理、保养管理、故障管理 4 个模块，左侧为对应模块功能的导航条，如图 8-3 所示。

左侧导航条与进入模块有关，图 8-3 为进入用户管理模块后的导航功能。此外，由于本页面采用 Bootstrap 进行布局，所以能自适应地在 PC 端、手机端上显示，当客户端运行

图 8-3 网络管理分系统首页

于电脑端时，分辨率较高，故导航条在左侧，而当运行于分辨率较低的手机端时，右下方的变速器自动调整到最下方，导航条处于中部位置。

8.4 用户注册模块设计与实现

8.4.1 模块设计

用户注册目的是增加用户，供虚拟示教时，在 HoloLens 眼镜上登录。根据三层架构和 MVC 设计模式的软件体系规范，本模块包括 index. jsp、reg. jsp、reg. js、UserControl、User、UserBiz、Util、UserDAO 等，注册的执行过程如图 8-4 所示。

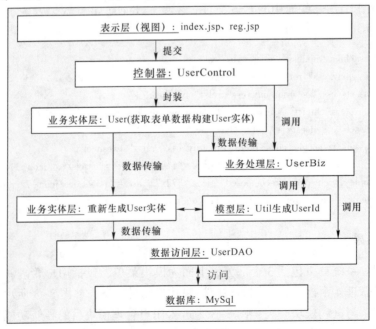

图 8-4 注册的执行过程

图 8-4 中，注册网页 reg. jsp 包含注册的各种要素，如用户名、密码等，点击"注册"按钮后，提交用户名、密码等信息到控制器 UserControl，后者利用 request 请求填充实体层 User 数据，然后调用业务处理层 UserBiz，UserBiz 调用模型层工具类 Util 生成 20 位唯一数 UserId，并重新填充实体类 User，接着继续调用 UserDAO，执行数据添加 insert 命令。

8.4.2　主要代码

8.4.2.1　注册页面 reg. jsp

注册页面 reg. jsp 以 EasyUI 的表单元素为主，包括面板 easyui-panel、输入框（含验证）easyui-textbox、密码框 easyui-passwordbox、链接按钮 easyui-linkbutton，用于实现用户注册信息的录入，代码如下：

```
<div class="easyui-panel" title="注册新用户" style="width:100%；max-width:400px；padding：30px 60px；">
        <form id="ff" method="post" action="../UserControl？op=reg">
            <div style="margin-bottom:20px">
                <input class="easyui-textbox" name="name" style="width:100%" data-options="label：'用户名:'，required:true">
            </div>
    <div style="margin-bottom:20px">
                <input class="easyui-passwordbox" name="pwd1" id="pwd1" style="width:100%" data-options="label:'密码:'，required:true">
            </div>
    <div style="margin-bottom:20px">
                <input class="easyui-passwordbox" name="pwd2" id="pwd2" style="width:100%" data-options="label:'密码 2:'，required:true">
            </div>
    <div style="margin-bottom:20px">
            <input class="easyui-textbox" name="phone" style="width:100%" data-options="label:'手机号:'，required:true">
            </div>
            <div style="margin-bottom:20px">
                <input class="easyui-textbox" name="email" style="width:100%" data-options="label：'邮箱:'，validType:'email'">
            </div>
        </form>
        <div style="text-align:center；padding:5px 0">
            <a href="javascript:void（0）" class="easyui-linkbutton" onclick="submitForm（）" style="width:80px">注册</a>
            <a href="javascript:void（0）" class="easyui-linkbutton" onclick="clearForm（）" style="width:80px">重置</a>
        </div>
    </div>
```

上述代码中，<form>标签的 action 属性为"../UserControl？op＝reg"，表示表单提交到控制层 UserControl，并传入 get 参数 op＝reg，供 Control 区分注册还是查询事件。easyui-linkbutton 的"注册"链接按钮点击时，调用 Javascript 的 submitForm（）函数，"重置"调用 clearForm（）函数。

8.4.2.2　注册验证与提交 reg. js

注册验证与提交 reg. js 包含两个函数，分别为 submitForm（）、clearForm（），前者用于验证两次密码是否一致和提交，后者清除输入框内容，代码如下：

```
function submitForm( ) {
    if ($('#pwd1'). val( )! = $('#pwd2'). val( )) {
        alert ("两次密码不一致");
        return;
    }
    $('#ff'). form(' submit ');
}
function clearForm( ) {
    $('#ff'). form(' clear ');
}
```

上述代码中，两次密码不一致采用的 jQuery 方式，也可以使用 EasyUI 的方式进行验证，有兴趣的读者可以查阅相关资料。

8.4.2.3　用户管理控制器 UserControl. java

用户管理控制器 UserControl 用于接收网页请求，封装实体类，调用业务逻辑层，并将结果返回给页面，代码如下：

```
public void doPost (HttpServletRequest request, HttpServletResponse response)
    throws ServletException, IOException {
    // 统一中文编码格式，防止中文乱码
    request. setCharacterEncoding ("UTF-8");
    response. setCharacterEncoding ("UTF-8");
    String op = request. getParameter ("op");
    // 注册新用户
    if ("reg". equals (op))
        doReg (request, response);
    // 查询用户信息
    else if ("query". equals (op))
        doQuery (request, response);
}
```

上述代码首先设置中文编码格式为 UTF-8（否则会出现乱码），然后根据传入的 op 参数判断应该执行何种控制器方法，根据 reg. jsp 的<form>标签的 action 值（../UserControl？op＝reg），op 传入"reg"，表示注册的控制器方法为 doReg（request，response），其代码如下：

```
public void doReg（HttpServletRequest request，HttpServletResponse response）
        throws ServletException，IOException ｛
    // 获取网页输入的值
    String name = request. getParameter（"name"）;
    String pwd = request. getParameter（"pwd1"）;
    String phone = request. getParameter（"phone"）;
    String email = request. getParameter（"email"）;
    // 利用有参数的构造方法初始化
    User user = new User（name，pwd，phone，email）;
    // 调用业务逻辑层
    UserBiz biz = new UserBiz（）;
    // 获得调用结果
    int lines = biz. addUser（user）;
    // 当 lines 大于 0，表示执行 SQL 语句后，至少更新 1 条语句
    if（lines > 0）
        response. getWriter（）. print（"<script> alert（'注册成功'）; </script>"）;
｝
```

上述代码中，通过 request 请求获得 reg. jsp 中的输入值，然后利用 User 构造方法进行初始化，接着实现对 UserBiz 的调用并将结果返回给页面。

8.4.2.4　用户业务处理类 UserBiz. java

用户业务处理类 UserBiz 的 addUser 完成两项工作，首先调用 Util 获取 20 位不重复数字，然后调用数据访问层执行 SQL 语句，代码如下：

```
public class UserBiz ｛
    public int addUser（User user）｛
        // 生成 20 位不重复数字，放入 user 对象中
        String userId = Util. getGuid（）; // Util 为模型工具类
        user. setUserId（userId）;
        UserDAO dao = new UserDAO（）;
        return dao. addUser（user）;
    ｝ ｝
```

8.4.2.5　模型工具类 Util. java

模型工具类 Util 由多个常用方法组成，其中 getGuid 方法用于获取 20 位唯一数（前 17 位是时间戳，后 3 位是随机数），代码如下：

```java
public class Util {
    // 获取 20 位数字, 前 17 位是时间戳, 后 3 位是随机数
    public static String getGuid () {
        Calendar cal = Calendar.getInstance ();
        Date date = cal.getTime ();
        // 格式样例为 2020/02/05-01:01:31:361
        String time = new SimpleDateFormat ("yyyyMMddHHmmssSSS").format (date);
        // 获取三位随机数
        int ran = (int) ((Math.random () * 9 + 1) * 100);
        time += ran;
        return time;
    }
}
```

8.4.2.6　数据库连接与关闭管理类 DBConnection

为简化代码和结构层次, 本书采用 DBConnection 实现数据库的连接和关闭, 没有采用 Spring 或连接池等方式, 代码如下:

```java
public class DBConnection {
    // 获取连接
    public static Connection getConnection () throws Exception {
        Class.forName (Init.DRIVER);
        Connection conn = DriverManager.getConnection (Init.URL, Init.NAME, Init.PWD);
        return conn;
    }
    // 关闭连接
    public static void close (Connection conn) {
        if (conn! = null) {
            try {
                conn.close ();
            } catch (SQLException e) {
                e.printStackTrace ();
```

上述 DRIVER、URL、NAME、PWD 的值通常来自于 XML、properties、txt 等配置文件, 系统启动时, 由 Spring 框架或手动编写读取代码进行初始化。

8.4.2.7　数据访问类 UserDAO.java

数据访问类 UserDAO 实现 UserInfo 表的增删改查等操作, addUser 是根据实体类 User 向 MySql 添加数据方法, 代码如下:

```java
public int addUser (User user) {
    // 返回执行的行数
```

```
int lines = -1;
String sql = "insert into userinfo values (?,?,?,?,?)"; // ? 为占位符
Connection conn = null;
PreparedStatement prestmt = null;
try {
    conn = DBConnection.getConnection (); // 获取连接
    prestmt = conn.prepareStatement (sql);
    prestmt.setString (1, user.getUserId ()); // 按顺序向？填充值
    prestmt.setString (2, user.getName ());
    prestmt.setString (3, user.getPwd ());
    prestmt.setString (4, user.getPhone ());
    prestmt.setString (5, user.getEmail ());
    lines = prestmt.executeUpdate (); // 添加的行数
} catch (Exception e) { e.printStackTrace ();
} finally { DBConnection.close (conn); // finally 中关闭 JDBC 连接}
return lines;}
```

上述代码将关闭连接放在 finally 中，表示不管 try 中是否有异常，都执行关闭 JDBC 连接操作。也就是说，DBConnection.close (conn); 不能放在 try 语句块的最下面一行，因为一旦中途发生异常，会跳到 catch 语句块中，会导致关闭连接不执行。

8.4.3　运行结果

启动系统，依次点击"用户管理""用户注册"，弹出界面如图 8-5 所示，输入正确的用户名、密码、手机号、邮箱信息，点击"注册"按钮后完成注册。

图 8-5　综合案例用户注册界面

　　用户注册成功后，会在 UserInfo 表中添加一条记录，利用命令行查询 MySql 中 HoloDa-
taBase 数据库的 UserInfo 表的当前结果，如图 8-6 所示。

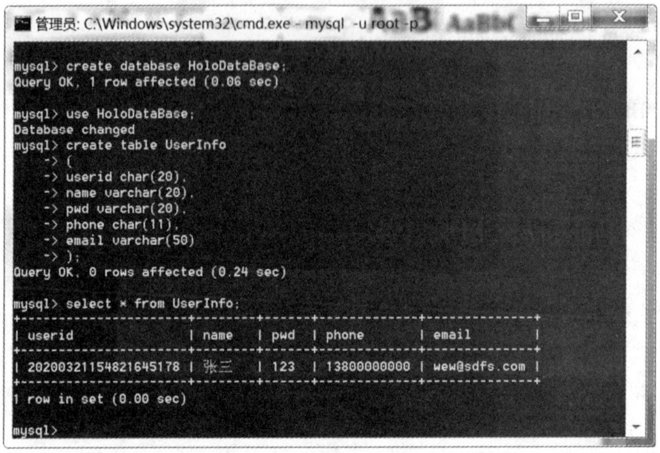

图 8-6　综合案例注册后形成的一条数据

　　图 8-6 的记录中，"create database HoloDataBase；"为创建 MySql 的 HoloDataBase 数据
库。"create table UserInfo"为创建表的语法。表 UserInfo 中，"NAME""PWD""PHONE"
"EMAIL"的值来自于图 8-5 中录入的数据，"USERID"则是通过 Util 类的 getGuid（）方
法生成，其中前 17 位为时间戳，最后 3 位为随机数，记录中 userid 值表示该行数据于
2020 年 3 月 21 日 15 时 48 分 21 秒 645 毫秒被创建，随机数为 178。

8.5　用户查询模块设计与实现

8.5.1　模块设计

　　用户查询就是获取已经注册的用户信息，包括用户名对应的密码信息（未加密），供
虚拟示教时，在 HoloLens 眼镜上登录。根据三层架构和 MVC 设计模式的软件体系规范，
本模块包括 index. jsp、query. jsp、UserControl、User、UserBiz、UserDAO 等，查询的执行
过程如图 8-7 所示。

　　查询页面 query. jsp 包括一个输入框、"查询"按钮和显示列表 easyui-datagrid，如图
8-8 所示。在输入框输入用户名后可以进行"查询"操作。点击"查询"后，提交用户
名到控制器 UserControl，后者利用 request 获取输入的用户名，然后调用业务处理层
UserBiz，UserBiz 继续调用数据访问层 UserDAO，数据层将数据库中查询的结果封装成
User 实体泛型集合 List<User>对象，并返回给 UserBiz，UserBiz 再利用 JSON 工具将泛型集
合转换成 json 字符串，并加入前缀以符合 EasyUI 的 datagrid 的数据格式要求，最后，由
UserControl 将合适的 json 串返回至 query. jsp 中进行显示。

8.5.2　主要代码

8.5.2.1　查询页面 query. jsp

　　查询页面的用户名输入使用 easyui-textbox，按钮使用 easyui-linkbutton，这两个与注

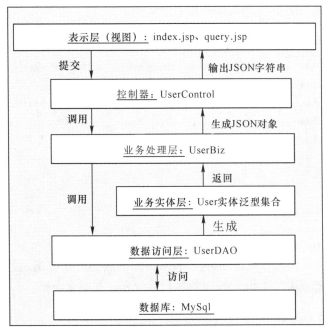

图 8-7　查询的执行过程

图 8-8　综合案例查询界面

册页面 reg.jsp 一样，列表显示使用 easyui-datagrid 控件，代码如下：

```
<div style="text-align:left;padding:0px 0;">
    <input class="easyui-textbox" name="name" id="name" style="width:150px" data-options=
"label:'用户名:'">
    <ahref="javascript:void（0）" class="easyui-linkbutton" onclick="query（）" style="width:80px">
查询</a>
    </div>
    <div title="用户列表" style="text-align:center;">
    <table id="dg" class="easyui-datagrid" title="用户列表" data-options="singleSelect:true, col-
```

lapsible:true,url:' UserControl?op=query ',method:' get '" >

```
        <thead>
            <tr>
                <th data-options="field:' userId ',align:' center ',width:170">编号</th>
                <th data-options="field:' name ',align:' center ',width:50">用户名</th>
                <th data-options="field:' pwd ',align:' center ',width:50">密码</th>
                <th data-options="field:' phone ',align:' center ',width:90">手机号</th>
                <th data-options="field:' email ',align:' center ',width:120">邮箱</th>
            </tr>
        </thead>
    </table>
</div>
```

上述代码中，easyui-datagrid 的 url 设定为 UserControl? op=query，表示它与控制器 UserControl 相绑定，且传入参数为 query，表示页面加载后，立即调用控制器，也就是说，页面加载后，不需要点击"查询"按钮就执行后台程序并填充表格。

8.5.2.2　查询响应 Javascript 文件 query. js

查询响应 Javascript 文件 query. js 包含一个 query（）函数，它在 query. jsp 中点击"查询"按钮时执行（onclick="query（）"）。函数中，首先利用 jQuery 获取 easyui-textbox 中输入的用户名，然后利用 Ajax 无刷新技术请求后台数据，请求的参数中，"url"指定请求路径，"type"指定请求类型是 get 或 post 传值，"data"为传入后台的参数值（即输入的用户名），"success""error"分别表示 Ajax 请求成功或失败的处理方法，代码如下：

```
function query( ) {
    // 获取文本框中输入的值
    var name=$( "#name" ).val( );
    $. ajax( {
        url:"UserControl?op=query" ,
        type:"post" ,
        data:{ "name":name} , // 将 name 的值传到后台 UserControl
        dataType:"text" ,
        contentType:"application/x-www-form-urlencoded; charset=utf-8" ,
        success:function ( data) {
            data=JSON. parse ( data);//转换成 json 对象，否则不刷新
            $('#dg ').datagrid ('loadData ',data);
        } ,
        error:function ( ex)
            alert( error + ":" + ex);
    });
}
```

上述代码中，当 Ajax 请求成功后，执行" $ ('#dg'). datagrid('loadData', data)；"语句，表示重新加载 query. jsp 的 easyui-datagrid 表格，其中"#dg"约束表格的 id 号，因

此，点击"查询"时，如果成功返回请求，就重新加载 easyui-datagrid 表格。

8.5.2.3 用户管理控制器 UserControl. java

用户管理控制器 UserControl 根据两种请求产生响应，分别为：easyui-datagrid 绑定的 url 地址，"查询"按钮点击事情促发的 Ajax 请求。请以前者请求时，参数中不包含 name 值，后者包含，因此在代码中需要判断 name 是否为空，如果为空，需要至 name=""，代码如下：

```java
public void doQuery (HttpServletRequest request,
        HttpServletResponse response) throws ServletException, IOException {
    UserBiz biz = new UserBiz ();
    String name = request. getParameter ("name");
    // name 为 null 时，初始化 name 为""
    if (name == null) name = "";
    String json = biz. getJsonByName (name);
    System. out. println (json);
    // 将 json 输出到 jsp
    response. getWriter (). print (json);
}
```

上述代码中，首先获取参数名为 name 的值，然后将此值作为参数调用业务处理类 UserBiz，后者根据执行结果返回 json 字符串供 UserControl 输出到 query. jsp 中。

8.5.2.4 用户业务处理类 UserBiz. java

用户业务处理类 UserBiz 完成 3 项工作，首先是调用 UserDAO 获取查询结果的 User 泛型集合 List<User>，然后根据 JSONArray 和 JSONObject 类转换查询结果并生成符合 EasyUI 的 datagrid 格式的 json 字符串，最后将字符串返回给 UserControl。

```java
// 生成符合 EasyUI 的 datagrid 格式的 jsonpublic String getJsonByName (String name) {
    UserDao dao = new UserDao ();
    List<User> lst = dao. queryByName (name);
    JSONArray jsonArr = JSONArray. fromObject (lst);
    JSONObject jsonObj =new JSONObject ();
    jsonObj. put ("total", lst. size ());
    jsonObj. put ("rows", jsonArr);
    return jsonObj. toString ();
}
```

上述代码中，JSONObject 的 put 方法默认使用 HashMap 存储，因此对输入的内容按照 Key 值进行排序，也就是说，先 put 到 JSONObject 对象不一定先输出，如果需要明确指定先输入先输出的方式，即先进先出法（First In First Out，FIFO），通常使用"JSONObject jsonObj =new JSONObject (new LinkedHashMap ());"来约束。

8.5.2.5 数据访问类 UserDAO. java

数据访问类 UserDAO 通过 SQL 查询语句和 JDBC 实现对 MySql 数据的查询操作，查询过程中（执行 while（rs. next（））语句时），每查询到一行数据，就将对应的单元格值填充到 User 实体的对应列中，代码如下：

```
public List<User> queryByName（String username）{
    List<User> lst = new ArrayList<User>（）;
    User user;
    // %代表任意字符，因此下述 sql 为模糊查询
    String sql = "select ∗ from userinfo where name like '%" + username + "%'";
    Connection conn = null;
    PreparedStatement prestmt = null;
    ResultSet rs = null;
    try {
        conn = DBConnection. getConnection（）; // 获取连接
        prestmt = conn. prepareStatement（sql）;
        rs = prestmt. executeQuery（）;
        while（rs. next（））{
            // 根据 UserInfo 表中列的顺序获取查询结果
            String uid = rs. getString（1）;
            String nameString = rs. getString（2）; // username 可能为空，要重新赋值
            String pwd = rs. getString（3）;
            String phone = rs. getString（4）;
            String email = rs. getString（5）;
                // 将每一行数字形成 User 实例，并放入 lst 中
                user = new User（uid, nameString, pwd, phone, email）;
                lst. add（user）;
        }
    } catch（Exception e）{e. printStackTrace（）;
    } finally {DBConnection. close（conn）; }
    return lst;
}
```

上述代码中，sql 变量的百分号%表示任意字符，含空字符，like 为模糊查询关键字，因此，语句""select ∗ from userinfo where name like '%" + username + "%'";"中，如果变量 username 的值为"张三"，则上述语句就表示 UserInfo 表中的 name 字段包含"张三"的都能检索到；同样的，如果变量 username 为空""""，说明表字段 name 字段为任意值均可以查询到，也就是说，查询所有的值。因此，当 username 为 null 或""时，均是查询所有。回到 query. jsp 中，"用户名"输入框不输入任何内容时，表示查询所有的记录。

8.5.3　运行结果

依次点击"用户管理""用户查询"，或在"用户名"输入框不输入任何内容时，查询数据库 UserInfo 表中的所有数据（本案例未提供分页代码），运行结果如图 8-8 所示。

在"用户名"输入框分别输入"三""四""五"的查询结果如图 8-9（a）、（b）及（c）所示。

图 8-9　综合案例输入不同内容的查询结果

（a）输入"三"的查询结果；（b）输入"四"的查询结果；（c）输入"五"的查询结果

　　图 8-9 中，在"用户名"输入框中，输入"三"可以查询 UserInfo 表的 name 字段中包含"三"的数据，当输入"五"时，查不到任何数据。

第9章　虚拟示教分系统设计与实现

扫一扫
看本章插图

9.1　三维数字模型构建

9.1.1　概述

模型设计是将物理实体模型化的过程，即三维数字建模与优化的过程，包括建立、装配零件模型、完善场景等阶段，它是虚拟示教的前提和基础，也是一项重点且耗费人力的工程。三维建模需要长时间工作，主要体现在如下几个方面：

（1）复杂设备的零件数量众多，大多数物理零件都需要对应一个数字模型。

（2）虚拟零件装配难度大，稍微有一点点尺寸或形状不匹配，零件就不能配合，如果返回修改零件模型，可能又影响到已有的装配模型。

（3）每个零件的设计都需要辅助的中心线、参考平面等，当众多零件混合时，容易形成视线干扰或产生名称混乱。

（4）三维建模工具产品较多，不同人、不同时间段、采用不同的建模软件，可能创建出不同文件格式的零件模型，在装配时，很难完全兼容。

9.1.2　实体模型

本例的变速器为液压传动、机械换挡、定轴式变速器，它具有如下特点：

变速器由两个输入轴，一个输出轴，一个高档输入齿轮和高、低档两个输出齿轮，啮合套、拨叉、拨叉轴、油缸及活塞、停车制动器、壳体等组成。发动机上主泵输出的液压油带动与变速器相连的两个变量液压马达旋转，将动力传递到变速器上的两个输入轴，拨动变速器的啮合齿套，将动力传递到输出轴，经由万向装置、主传动锥齿轮、差速器、半轴后传递到轮边减速器，驱动车轮转动。

9.1.3　三维数字模型

限于篇幅原因，本书不讲解三维模型设计方法，有兴趣的读者可以查阅 Solidworks、3D Max、Maya 等资料，本书案例的某型定轴式变速器三维模型外观如图 9-1 所示，变速器主要零件构成如图 9-2 所示。

9.2　通用模块设计

通用模块设计用于提供一些通用功能，为登录、形态认知、拆装训练、维护保养等子模块提供服务，具体包括位于后台的数据库设计，UML 类图等，接下来逐一进行介绍。

9.2.1　数据库设计

数据库位于系统底层，提供基础的数据服务。一个完整的软件系统，必定包含多个数

图 9-1　某型定轴式变速器三维模型

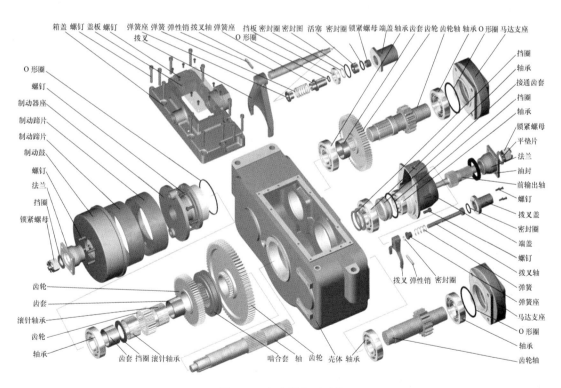

图 9-2　变速器主要零件

据库对象，如表、视图、存储过程、触发器等，数据库的设计在软件开发中占有突出重要
的位置，也是软件系统是否稳定、可靠、便于维护的一项重要指标。限于篇幅，本书不对

数据库设计展开详细讲解，仅介绍 HoloLens 登录、虚拟拆装、故障判断、维护保养涉及的几张表，且表结构相对比较简单，它们的关系和结构如图 9-3 所示。

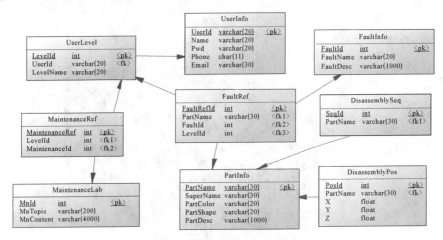

图 9-3　综合案例数据库设计

图 9-3 中，每个表有一个主键，通常是对应 Id 号，还有部分表包含外键，且外键名称与主键名称相同，引用关系参见图中箭头方向。用户信息表 UserInfo 的说明如表 8-1 所示，其余表结构如表 9-1~表 9-8 所示。

表 9-1　用户等级表 UserLevel 结构说明

序号	列名	含义	数据类型（长度）	可否为空	说明
1	LevelId	等级编号	int	否	主键，唯一编号
2	UserId	用户编号	varchar（20）	否	外键
3	LevelName	等级名称	varchar（20）	否	

表 9-2　零件信息表 PartInfo 结构说明

序号	列名	含义	数据类型（长度）	可否为空	说明
1	PartName	零件名称	varchar（20）	否	主键，名称，可含编号
2	SuperName	上一级名称	varchar（20）	否	规定零件所属关系
3	PartColor	零件颜色	varchar（20）	是	
4	PartShape	零件形状	varchar（20）	是	
5	PartDesc	零件描述	varchar（1000）	否	用于 HoloLens 中显示

表 9-3　拆装顺序表 DisassemblySeq 结构说明

序号	列名	含义	数据类型（长度）	可否为空	说明
1	SeqId	顺序编号	int	否	主键，唯一编号
2	PartName	零件名称	varchar（20）	否	外键

表 9-4 拆后位置表 DisassemblyPos 结构说明

序号	列名	含义	数据类型（长度）	可否为空	说明
1	PosId	位置编号	int	否	主键，唯一编号
2	PartName	零件名称	varchar（20）	否	外键
3	X	X 坐标	float	否	拆卸后 X 坐标
4	Y	Y 坐标	float	否	拆卸后 Y 坐标
5	Z	Z 坐标	float	否	拆卸后 Z 坐标

表 9-5 故障信息表 FaultInfo 结构说明

序号	列名	含义	数据类型（长度）	可否为空	说明
1	FaultId	故障编号	int	否	主键，唯一编号
2	FaultName	故障名称	varchar（20）	否	唯一
3	FaultDesc	故障描述	varchar（1000）	否	

表 9-6 故障引用表 FaultRef 结构说明

序号	列名	含义	数据类型（长度）	可否为空	说明
1	FaultRefId	编号	int	否	主键，唯一编号
2	PartName	零件名称	varchar（20）	否	外键，表示故障与哪些零件有关
3	FaultId	故障编号	int	否	外键，针对具体的故障
4	LevelId	用户等级编号	int	否	外键，不同用户出现的故障现象不一样

表 9-7 维护保养库表 MaintenanceLab 结构说明

序号	列名	含义	数据类型（长度）	可否为空	说明
1	MnId	编号	int	否	主键，唯一编号
2	MnTopic	主题	varchar（200）	否	
3	MnContent	内容	varchar（4000）	否	维护保养具体内容

表 9-8 维护保养引用表 MaintenanceRef 结构说明

序号	列名	含义	数据类型（长度）	可否为空	说明
1	MaintenanceRef	编号	int	否	主键，唯一编号
2	LevelId	等级编号	int	否	外键
3	MaintenanceId	维护保养库编号	int	否	外键

9.2.2 通用类图

虚拟示教依赖于后台服务和 Unity 3D 处理，它由多个类组成，在通用模块中，主要包括 Web Service 发布和调用相关类，它们的基本结构和关系如图 9-4 所示。

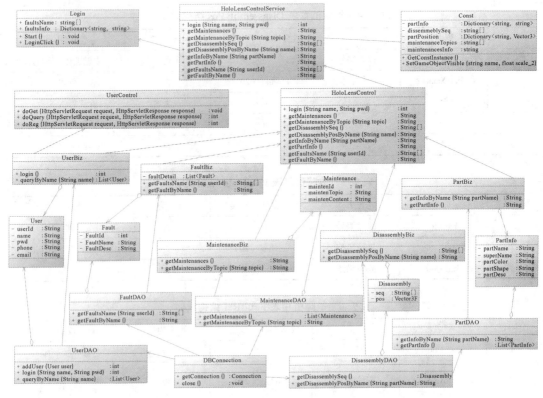

图 9-4　综合案例通用模块类图

关于图 9-4 的类图，需要补充说明如下几点：

（1）DBConnection 位于数据访问层，它封装数据库连接信息，包括连接用户名、密码、数据库所在 IP 地址等字段，还包括为数据库连接打开与关闭的通用方法，供 DAO 调用。

（2）以 DAO 结尾的类位于数据访问层，用于处理对应表的数据，包括添加、修改、删除和查询数据。另外，对应查询所有数据的方法返回类型一般是对应的泛型集合，如查询所有的零件信息，返回类型为 List<PartInfo>。

（3）以 Biz 结尾的类属于业务逻辑层，调用 DAO 类进行逻辑处理与转换，包括对返回的泛型集合转换成 json 字符串，所以，这些方法看似返回 String 型，实际上是集合类型，另外一些方法如 getDisassemblySeq（）返回的零件名称构成的字符串数组。

（4）HoloLensControl 位于控制层，调用各种 Biz 类，并以 Java 语言统一对外发布 Web Service 接口，供 Unity 3D 调用。

（5）HoloLensControlService 是由 VS 工具生成的 C#类，它将 HoloLensControl 的服务转换成可以被 C#本地调用的公共类。

（6）Const 属于 Unity 3D 类，用于初始化虚拟示教时所需的公用字段。由于该类需要查询远程服务，所以为了节约时间，它在初始化时被调用一次，后面虚拟示教时不再调用，处理手段采用单例模式机制，也就是说，将 Const 的构造方法定义为私有，外部统一采用指定方法调用，该类中的字段在构造方法中被初始化。

（7）Login 类用于登录验证，方法为 LoginClick（），表示响应登录按钮点击事件，在登录验证通过后，将 faultsName 和 faultsInfo 赋值，前者为 string［］类型（C#字符串 string 的 s 小写），作用是存放与登录用户相关的故障排除功能中的故障名称，后者为 Dictionary <string, string>类型，作用是存放与登录用户相关的详细故障信息，它在 HoloLens 凝视到某个零件时，在零件附近显示对象的信息，此处将故障信息与登录用户关联，是因为考虑到不同的用户排除故障的难度不一样。

9.2.3　通用类

虚拟示教分系统的通用类主要是 Const，另外在 Login 类还包括 faultsName 和 faultsInfo 两个通用字段，代码及详细注释如下：

（1）Const：通用字段声明。

```
// Web Service 本地转换类
public HoloLensControlService service = new HoloLensControlService（）;
// 自身类对象，用于限定 Const 实例个数
private static Const _ const = null;
// 存放零件名称及其对应的描述
public Dictionary<string, string> partInfo = new Dictionary<string, string>（）;
// 拆卸顺序定义
public string［］dissemmeblySeq;
// 存放虚拟零件被拆卸后存放位置
public Dictionary<string, Vector3> partPosition = new Dictionary<string, Vector3>（）;
// 维护保养的主题名称数组
public string［］maintenanceTopics;
// 维护保养的主题内容
public Dictionary<string, string> maintenancesInfo = new Dictionary<string, string>（）;
```

（2）Const：实例生成与初始化。

```
// 私有构造方法初始化相关属性
private Const（）{
    SetPartInfo（）;
    SetDissemmeblySeq（）;
    SetDissemmeblyPos（）;
    SetMaintenances（）;
}
// 通过单例模式生成 Const 实例
public static Const GetConstInstance（）{
    if（_const == null）
        _const = new Const（）;
    return_const;
}
```

（3）Const：初始化零件拆卸相关字段 dissemmeblySeq、partPosition。

dissemmeblySeq 用于存放虚拟零件拆卸顺序，是 string［］类型。partPosition 用于存放虚拟零件被拆卸后存放位置，是 Dictionary<string, Vector3>类型，其中第一个 string 参数为零件名称，第二个 Vector3 参数为零件的三维坐标，代码如下：

```
// 设定虚拟零件拆卸顺序
private void SetDissemmeblySeq（）
{dissemmeblySeq = service. getDissemmeblySeq（）;}
// 设置零件拆卸后存放的三维空间位置
private void SetDissemmeblyPos（）{
    GameObject［］objs;
    objs = Resources. FindObjectsOfTypeAll（typeof（GameObject））as GameObject［］;
    for（int i = 0; i < objs. Length; i++）
    {
        string partName = objs［i］. name;
        Vector3 pos = service. getDisassemblyPosByName（partName）;
        // Dictionary 的 Key 不能重复
        if（! partPosition. ContainsKey（partName））
            partPosition. Add（partName, pos）;
}}
```

（4）Const：初始化维护保养的主题及其对应的内容。

```
// 设置维护保养的主题及其对应的内容
private void SetMaintenances（）{
    // 获取所有的维护保养主题
    maintenanceTopics = service. getMaintenanceTopics（）;
    for（int i = 0; i < maintenanceTopics. Length; i++）{
        string topic = maintenanceTopics［i］;
        // 将维护保养信息放入 maintenancesInfo 字典中
        maintenancesInfo. Add（topic, service. getMaintenanceByTopic（topic））;
}}
```

（5）Const：通过 scale 设置零件的可见度。

```
// 通过 scale 设置零件的可见度
public void SetGameObjectVisible（string name, float scale）
{GameObject. Find（name）. transform. localScale = GetVector（scale）;}
// 默认 X、Y、Z 坐标均相等
public Vector3 GetVector（float scale）
{return new Vector3（scale, scale, scale）;}
```

（6）Login：故障排除字段声明。

// 存放与登录用户相关的故障排除功能中的故障名称

public static string [ ] faultsName；

// 存放与登录用户相关的故障信息

public static Dictionary<string，string> faultsInfo = new Dictionary<string，string> （）；

（7）Login：用户名密码认证通过后初始化故障排除字段。

// 通过单例获取 service

HoloLensControlService service = Const. GetConstInstance （）. service；

// 根据登录的用户名 username 获取所有的故障名称

faultsName = service. getFaultsByUserId （username）；

for （int i = 0；i < faultsName. Length；i++）{

    if （！ faultsInfo. ContainsKey （faultsName [i]）){

        // 将故障名称与对应的故障信息放入 faultsInfo 字典中

        faultsInfo. Add （faultsName [i]，service. getFaultByName （faultsName [i]））；

}}

9.3　变速器形态认知

形态认知包括对实物零件识别和三维模型的显示，它是 AR 应用的具体体现，即利用 HoloLens 对变速器的各种零件进行识别，识别后，在实物附近显示对应的 FBX 三维模型。通过语音可以对 FBX 模型执行剖分和透视操作，其中剖分是将变速器模型剖开，以便观察其内部结构，效果如图 9-5 所示。

图 9-5 是将变速器顶部"剖开"，便于在 HoloLens 中观察输入轴、输出轴、拨叉等部件。透视是指将壳体以半透明的方式显示，并能观察到变速器的内部结构，如图 9-6 所示。

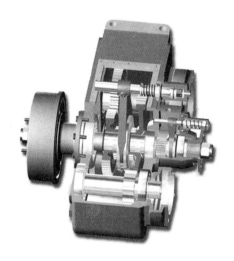

图 9-5　变速器剖分效果图

图 9-6　变速器透视效果图

HoloLens 识别物体、语音等相关知识参考本书前文相关内容，获取数据字典信息并显示的主要代码及注释如下：

```
if ( Physics. Raycast ( Camera. main. transform. position,
    Camera. main. transform. forward,
    out hitInfo, 50f, Physics. DefaultRaycastLayers ) ) {
    obj = hitInfo. collider. gameObject;  // 获取被凝视的物体
    // 高亮（黄色）显示
    obj. GetComponent<MeshRenderer> ( ). material. color = Color. yellow;
    // 获取用于显示零件信息的 UGUI 文本框 Text
    Text txtPartInfo = GameObject. Find ( "txtPartInfo" ). GetComponent<Text> ( );
    Vector3 pos = hitInfo. point;
    pos. y += 2;  // 将 pos 在凝视点附近偏移一定距离
    pos. z += 2;  // 将 pos 在凝视点附近偏移一定距离
    txtPartInfo. transform. position = pos;
    // 从 Const 的 partInfo 字典中获取零件名称及其对应的描述
    txtPartInfo. text = Const. GetConstInstance ( ). partInfo [ obj. name ];
}
```

上述代码中，最后一行是将零件的描述信息放到 UGUI 文本框 Text 中，但是由于描述内容长短不一样，所以需要对 Text 控件进行一些设定，包括设置其高度，并勾选 "Best Fit"，如图 9-7 所示。

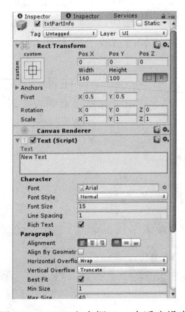

图 9-7　UGUI 文本框 Text 自适应设定

图 9-7 虽然对 Text 的内容进行自适应设定，但是如果字数太多，依然会出现排版不好看的情况，因此可以在数据库中对录入的零件信息长度进行限制。

9.4　变速器结构组成

结构组成用于显示部分零件的名称和配合关系，包括爆炸图效果和显示指定部件，前者效果参见图 9-2，显示指定部件可以通过在 HoloLens 中执行单击或发出语音实现，图 9-8 是变速器保留指定部件的效果图。

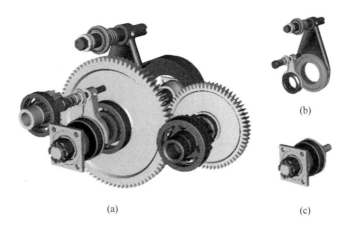

图 9-8　变速器保留指定部件效果图

(a) 换挡机构；(b) 换挡操纵机构；(c) 前桥接通机构

显示及隐藏部件请参考本书的 SetGameObjectVisible（）方法。呈现爆炸图效果的关键步骤包括：

（1）在 Unity 3D 场景中，导入 DoTween 插件。

（2）为变速器的主要零件增加 DOTween Path 组件，并配置相应的 Waypoints 路径。

（3）关闭"AutoPlay"和"AutoKill"（背景为灰色）。

（4）编写代码：

1）高亮显示零件及其对应信息，代码参见 9.3 节。

2）声明 DoTween 动画方向字段 flag（bool 型，仅有 true 和 false 两种），并利用 Holo-Lens 的双击手势进行切换，主要代码为：

```
// DoTween 动画方向切换
private bool flag; // 变量声明
private void OnTappedEvent（UnityEngine. VR. WSA. Input. InteractionSourceKind source, int tapCount, Ray headRay）{
    // 捕捉到手势
    if（source == UnityEngine. VR. WSA. Input. InteractionSourceKind. Hand）{
        if（tapCount == 2）{
            // 双击时，切换 flag 的值
            if（flag）
                flag = false;
            else
                flag = true;
}}}
```

3）在 Update（）中根据 flag 控制 DoTween 动画方向，主要代码为：

```
void Update ( ) {
    // 获取变速器子对象
    gameObject = GameObject. Find ( "box" );
    // 遍历变速器子对象
    foreach ( Transform t in this. gameObject. GetComponentsInChildren<Transform> ( ) ) {
        DOTweenAnimation doTween = t. GetComponent<DOTweenAnimation> ( );
        if ( doTween ！ = null) {
            // 根据 flag 控制 doTween 动画方向
            if ( flag )
                doTween. DOPlayForward ( ) ; // 零件爆炸显示
            else
                doTween. DOPlayBackwards ( ) ; // 零件返回到原始位置
} } }
```

9.5　变速器工作原理

9.5.1　原理简介

本案例的变速器通过两个输入轴、一个输出轴以及安装在轴上的齿轮啮合关系实现变速，主要零件如图 9-9 所示。

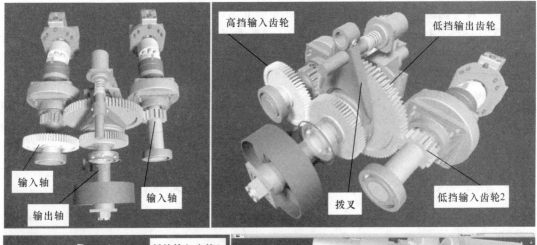

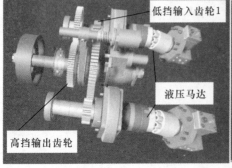

图 9-9　综合案例变速器工作原理主要部件

对于图 9-9 需要补充说明如下：

（1）输入轴的动力来自于液压马达（有两个输入轴，因此有两个马达），它是径向柱塞式马达，它利用压力油实现输入轴的转动，可以正转或反转，因此，该变速器的前进挡和倒退挡的工作原理完全一样，倒挡时，只要液压马达倒转即可。

（2）一个输入轴上包含两个齿轮，一大一小，大齿轮作为低挡动力输入，被命名为"低挡输入齿轮 1"，小齿轮作为高挡动力输入，被命名为"高挡输入齿轮"。另外一个输入轴仅有一个齿轮，被命名为"低挡输入齿轮 2"，用于低挡传入动力。也就是说，高挡时仅有一个齿轮输入动力，低挡时两个输入轴均输入动力，这是因为，高挡时，车辆处于行驶状态，不需要很大动力，而低挡对应于作业状态（如推土、挖掘），因此需要更大动力。

（3）在输出轴上有两个用于跟输入轴齿轮相啮合的齿轮，用于将输入轴的动力转换成输出扭矩。

（4）挡位切换由啮合套控制，当啮合套位于中间时，输入轴齿轮、输出轴齿轮均空转，不输出动力；当啮合套滑向输出轴的"高挡输出齿轮"（小齿轮）一侧时，由输入轴的"高挡输入齿轮"（输入轴大齿轮）带动输出轴的"高挡输出齿轮"转动，后者通过啮合套将动力输出。同理，当啮合套滑向输出轴的"低挡输出齿轮"（大齿轮）一侧时，由输入轴的两个齿轮，即"低挡输入齿轮 1"和"低挡输入齿轮 2"共同驱动输出轴的"低挡输出齿轮"转动，后者通过啮合套将动力输出。

（5）啮合套的滑动由拨叉控制，后者又被拨叉轴上的油缸活塞控制。

（6）原理示教时，通过模拟油缸活塞运行，实现对啮合套的控制，进而形成变速器的挡位变换。

9.5.2　运行效果

在 HoloLens 中录入"principle"或类似语音后，进入图 9-10 场景。场景包括方向控制、按钮组和变速器 3 部分组成。"低速挡""高速挡""倒挡"按钮分别用于显示相应的工作过程和原理，"剖分""透视"是以不同的外部样式显示输入输出轴的显示效果。

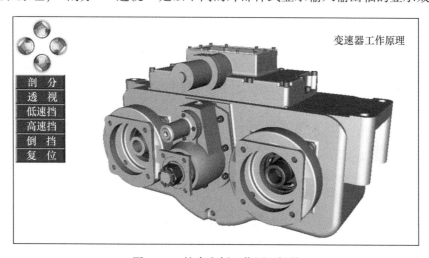

图 9-10　综合案例工作原理场景

9.5.3 主要代码

变速器工作原理的主要代码主要由 4 部分构成，分别定义枚举类型、声明和定义位置变量、响应按钮事件、实现齿轮和轴的转动，具体代码及注释如下：

（1）枚举定义。

```
// 定义枚举类型，分别表示拨叉和啮合套处于高挡、低挡、空挡位置
enum GearPos { HighGear, LowGear, Neutral }
```

（2）变量声明和定义。此处定义的拨叉和啮合套位置包括空挡、高挡、低挡 3 个。读者需要根据自己建立的模型位置确定 Vector3 值。

```
// 拨叉
Vector3 forkPos0 = new Vector3 (-0.0001696282f, 0.05607892f, -0.01540922f);
Vector3 forkPosHigh = new Vector3 (-0.0001696282f, 0.075f, 0.048f);
Vector3 forkPosLow = new Vector3 (-0.022f, 0.075f, 0.035f);
// 啮合套
Vector3 meshPos0 = new Vector3 (4.196167f * (float) Math.Pow (10, -8), -0.1143432f,
-6.370545f * (float) Math.Pow (10, -7));
Vector3 meshPosHigh = new Vector3 (4.196167f * (float) Math.Pow (10, -8), -0.088f, 0.005f);
Vector3 meshPosLow = new Vector3 (-0.004f, -0.149f, 0.005f);
GearPos gearPos = GearPos.Neutral; // 初始化为空挡
```

（3）响应按钮事件。响应按钮事件主要包括初始化监听事件和具体实现两个部分，前者可以在 Start（）方法中实现，后者对应具体的实现方法，其中在实现方法中，使用了 DoTween 来控制拨叉和啮合套的移动，关于 DoTween 的知识点，请读者参见本书在 "Unity 3D 开发技术" 中的相关内容。

```
void Start () {
    GameObject.Find ("空挡").GetComponent<Button> ().onClick.AddListener (NeutralClick);
    GameObject.Find ("低挡").GetComponent<Button> ().onClick.AddListener (LowGearClick);
    GameObject.Find ("高挡").GetComponent<Button> ().onClick.AddListener (HighGearClick);
}
private void LowGearClick () // 点击"低挡工作原理" 按钮的响应方法 {
    gearPos = GearPos.LowGear;
    GameObject.Find ("拨叉").GetComponent<Transform> ().DOMove (forkPosLow, 3);
    GameObject.Find ("啮合套").GetComponent<Transform> ().DOMove (meshPosLow, 3);
}
private void NeutralClick () // 点击"空挡工作原理" 按钮的响应方法 {
    gearPos = GearPos.Neutral;
    GameObject.Find ("拨叉").GetComponent<Transform> ().DOMove (forkPos0, 3);
    GameObject.Find ("啮合套").GetComponent<Transform> ().DOMove (meshPos0, 3);
}
```

```
private void HighGearClick（）//点击"高挡工作原理" 按钮的响应方法 {
    gearPos = GearPos. HighGear;
    GameObject. Find（"拨叉"）. GetComponent<Transform>（）. DOMove（forkPosHigh, 3）;
    GameObject. Find（"啮合套"）. GetComponent<Transform>（）. DOMove（meshPosHigh, 3）;
}
```

（4）实现齿轮和轴的转动。齿轮和轴的转动在 Update（）方法中实现，方法中需要判断当前点击的是高、低、空挡按钮，然后再调用转动方法。需要补充的是，转动方法 Rotate（Vector3, Space）需要指定三维坐标，但是不同模型的坐标不一样，本书统一写为 Vector3（0, 0, -1），读者根据自己的模型替换。

```
void Update（）{
    if（gearPos == GearPos. LowGear）{
        GameObject. Find（"低挡输入齿轮-1"）. GetComponent<Transform>（）. Rotate（new Vector3（0, 0, -1）, Space. Self）;
        GameObject. Find（"低挡输入齿轮-1"）. GetComponent<Transform>（）. Rotate（new Vector3（0, 0, -1）, Space. Self）;
    }
    else if（gearPos == GearPos. Neutral）{
        GameObject. Find（"高挡输出齿轮"）. GetComponent<Transform>（）. Rotate（new Vector3（0, 0, -1）, Space. Self）;
        GameObject. Find（"低挡输出齿轮"）. GetComponent<Transform>（）. Rotate（new Vector3（0, 0, -1）, Space. Self）;
    }
    if（gearPos == GearPos. HighGear）{
        GameObject. Find（"高挡输入齿轮"）. GetComponent<Transform>（）. Rotate（new Vector3（0, 0, -1）, Space. Self）;
        GameObject. Find（"高挡输出齿轮"）. GetComponent<Transform>（）. Rotate（new Vector3（0, 0, -1）, Space. Self）;
    }}
```

9.6　变速器拆装练习

变速器拆装练习就是在 HoloLens 中，通过凝视、手势、语音等手段实现对变速器虚拟零件的拆卸和装配，并由后台记录拆装过程，分析拆装效率和效果

9.6.1　实现方法

进入拆卸场景后，会在左上方向用户提示待拆零件名称，该提示由远程后台数据库进行管理，并在进入场景时进行初始化，具体顺序放在 Const 类的 dissemmeblySeq 的字符串数组中（参见本章"9.2.3　通用类"部分）。

根据"下一个待拆零件"名称提示，练习人寻找并凝视到对应的虚拟零件，通过手势单击或者说出"Move"单词，将零件移至指定位置。零件的存放位置也由远程数据库管

理，零件与位置的键值对关系放在 partPosition 字典中。

装配练习前，将壳体放置在指定操作台上，将"输入轴""输出轴""前桥接通机构""换挡机构"以抽屉风格存放，其余零件放在另外一个操作台上。

9.6.2 运行效果

进入拆卸练习场景后，会在上方提示开始拆卸，并告诉用户首先需要拆卸"盖板螺钉"，运行界面如图 9-11 所示。

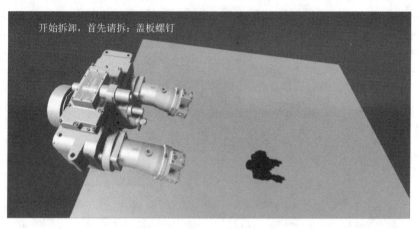

图 9-11 虚拟拆卸启动界面

根据图 9-11 的操作提示，用户需要凝视到盖板螺钉，然后单击或说出"Move"指令，盖板螺钉会根据 Const 类的 partPosition 值，存放在指定位置。同时，左上方会继续提示下一个待拆零件名称。

图 9-12 是按照 Const 类的 dissemmeblySeq 数组顺序拆卸掉"盖板螺钉""变速器盖板""箱盖螺钉"后，紧接着需要拆卸"箱盖"的状态。

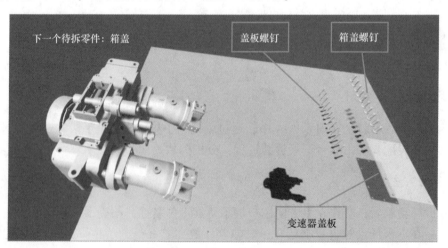

图 9-12 虚拟拆卸过程

装配过程与拆卸过程相反，是将零件逐个安装，组建完整变速器的过程，装配初始场景如图 9-13（a）所示。

用户根据装配顺序在零件操作台上凝视指定零件，如图 9-13（a），或者凝视"输入轴""输出轴""前桥接通机构""换挡机构"，并选取其中的零件，如图 9-13（b），待其高亮后，发出单击或语音命令，如果装配顺序正确，将自动移到壳体上。

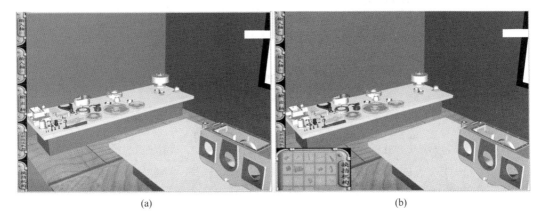

（a）　　　　　　　　　　　　　　　（b）

图 9-13　装配练习初始场景

9.6.3　主要代码

本功能使用的凝视、单击手势、语音录入与前文一样，此处不再重复，主要讲解与图 9-11 和图 9-12 相关的代码。

（1）通过单例获取 Const 对象，目的是减少每一行的长度，便于阅读和排版。

```
// 通过单例获取 Const 对象
Const c = Const. GetConstInstance（）;
```

（2）在 Start（）方法中开始虚拟拆卸。

```
void Start（）{
    string prompt = "开始拆卸，首先请拆：盖板螺钉" + c. dissemmeblySeq［0］;
    GameObject. Find（"prompt"）. GetComponent<Text>（）. text = prompt;
}
```

（3）在 MoveAction（）方法中处理拆卸过程。

```
// 拆卸处理方法，响应单击手势和"Move" 语音录入
void MoveAction（）{
    // 获取凝视碰撞的物体
    gameObject = hitInfo. collider. gameObject;
    // 判断被凝视物体是否为待拆物体（符合拆卸顺序）
    if（c. dissemmeblySeq［currentDisassemblySeq］ == gameObject. name）{
        gameObject. transform. position = c. partPosition［gameObject. name］;
        // 当拆卸到最后一个零件时，显示"拆卸完成"
```

```
      if（currentDisassemblySeq == c. dissemmeblySeq. Length）
          GameObject. Find（"prompt"）. GetComponent<Text>（）. text = "拆卸已完成";
      // 未拆完，累加 currentDisassemblySeq，表示继续拆卸下一个零件
      else｛
          currentDisassemblySeq++;
          string partName = c. dissemmeblySeq［currentDisassemblySeq］;
          string prompt = "下一个待拆零件:" + partName;
          GameObject. Find（"prompt"）. GetComponent<Text>（）. text = prompt;
          GameObject. Find（"error"）. GetComponent<Text>（）. text = "";
      ｝｝
      // 顺序不正确
      else｛
          string error = "当前不应该拆卸" + gameObject. name + "，请看上方提示";
          GameObject. Find（"error"）. GetComponent<Text>（）. text = error;
｝｝
```

9.7　变速器维护保养

维护保养是机械车辆保持良好技术状态的重要措施，主要根据机械车辆的保养规范，定期或不定期开展检查、清洁、调整、添加、更换等作业。因此，维护保养模块的设计，需根据变速器的维护保养内容，实现其相关保养过程的仿真及交互控制。

变速器的保养与工作、封存时长、季节有很大关系，常见的内容主要有：检查和更换变速器油，清洗油底垫圈，更换过滤装置，清除各类杂质等。

9.7.1　实现方法

进入维护保养场景后，用户选择相应的保养内容，该内容由后台数据库维护，并初始化时放入 maintenancesInfo 字典中。下面以更换变速器油为例，介绍其保养过程。

（1）根据季节和车辆的工作情况选取合适的油品等级，选取后，用户凝视该油品，使其高亮，并单击或说出"yes"指令表示确认。

（2）将存油桶放置在变速器下方，用于存放放出的弃油。

（3）找到变速器放油螺栓，高亮并单击使其离开，将油放至存油桶中。

（4）待放油完成后，再次凝视放油螺栓并单击，使其回到变速器原位。

（5）凝视变速器进油口，将选定的油品倒入变速器，并观察油面位置。

9.7.2　运行界面

维护保养初始界面包括下拉框和"开始学习" "返回"两个按钮，按钮可以由 HoloLens 凝视和点击完成，也可以由语音操纵，界面如图 9-14 所示。

9.7.3　主要代码

主要代码包括 3 部分，分别为变量声明、变量及下拉框初始化、响应"开始练习"按钮点击事件，接下来分别介绍。

图 9-14　维护保养初始界面

（1）变量声明。

```
// 存放故障信息的下拉框对象
Dropdown dwMntenance;
// Const 实例，存放维护保养主题和具体内容
Const _const;
```

（2）在 Start（）方法中初始化变量和下拉框。

```
void Start（）{
    // 以单例模式获取 Const 实例
    _const = Const. GetConstInstance（）;
    // 从 Const 类中取得与用户相关的故障名称
    string [ ] maintenanceTopics = Const. GetConstInstance（）. maintenanceTopics;
    // 初始化下拉框
    dwMntenance = GameObject. Find（"dwMntenance "）. GetComponent<Dropdown>（）;
    // 将 maintenanceTopics 填充到下拉框 dwMntenance 中
    Dropdown. OptionData opt;
    for（int i = 0; i < maintenanceTopics. Length; i++）{
        opt = new Dropdown. OptionData（）;
        opt. text = maintenanceTopics [ i ];
        dwMntenance. options. Add（opt）;
    }}
```

（3）响应"开始学习"按钮点击事件。

```
// 开始学习按钮响应事件
void Begin（）{
    // 获取 Const 中维护保养对应的维护信息
    // 获取在下拉框中选取的值
    string mntenanceTopic = dwMntenance. captionText. text;
```

```
// 从 Const 的 maintenancesInfo 字典中获取维护保养详细信息（通用模块中已初始化）
string content = _ const. maintenancesInfo [mntenanceTopic];
// 将保养详情赋给 prompt 控件
GameObject. Find ("prompt"). GetComponent<Text> (). text = content;
// 通过设定 scale 为 0 隐藏变速器模型
_ const. SetGameObjectVisible ("box", 0);
}
```

9.8 故障排除

机械车辆在行驶、作业、换季、停放等各种情况下都有可能发生故障，变速器常见故障包括有挂不上挡、漏油、车辆无力等。故障分析、判断、排除是维修技术人员必备的一项技能。如挂不上挡就有多种可能，当所有挡都挂不上，则可能是拨叉油缸损坏、拨叉折断、啮合套损坏等，如果仅仅是二挡挂不上、一挡能挂上，则说明前面 3 个问题都不存在，有可能是高挡输入齿轮、高挡输出齿轮与对应传动轴之间的花键脱落或损坏等。

9.8.1 实现方法

由于故障的分析与判断难度有大有小，为了增加合理性，本案例将故障现象与登录用户的等级相关联，不同等级的用户训练的故障现象可能不一样，具体实现过程与方法如下：

（1）进入故障排除场景后，根据用户的等级获取相应的故障现象与练习场景。

（2）将故障现象填充在 UGUI 的下拉列表中，用户根据下拉列表选择具体故障，进行分析、判断、排除练习。以"所有挡都挂不上"为例的后续操作为：

1）凝视拨叉油缸，检查其是否有损坏，再依次凝视拨叉、啮合套等，检查其是否损坏。

2）当发现某个零件损坏后，依照拆装练习的步骤，对零件进行更换。

3）更换完成后，试验故障是否已经排除，如果未排除，重复 1）~2）的操作，直至故障完全排除。

9.8.2 运行界面

故障排除初始界面包括下拉框和"开始学习""返回"两个按钮，按钮可以由 HoloLens 凝视和点击完成，也可以由语音操纵，界面如图 9-15 所示。

9.8.3 主要代码

9.8.3.1 生成故障信息 SQL

如前所述，故障信息与登录用户有关，同时又与零件名称直接相关，从图 9-3 综合案例数据库设计中可以看出，取得用户对应的故障需要涉及 5 张表，本节单独列出一节进行

图 9-15　故障排除初始界面

讲解。首先，从图 9-3 的数据库提取 5 张表的主要字段：

（1）用户信息表：{UserInfo ｜ UserId、Name}

（2）用户等级表：{UserLevel ｜ LevelId、UserId}

（3）故障信息表：{FaultInfo ｜ FaultId、FaultName，FaultDesc}

（4）故障引用表：{FaultRef ｜ LevelId、FaultId、PartName}

（5）零件信息表：{PartInfo ｜ PartName、PartDesc}

上述 5 张表中，当用户登录后，用户名确定，因此 UserInfo 的 Name 值确定，其对应的主键 UserId 也就唯一确定。将 UserId 带入到 UserLevel 中，同样可以得到 LevelId 唯一值。但是，在 FaultRef 中，LevelId 已经成为外键，因此，UserLevel 和 FaultRef 是一对多的关系，也就是说，一个用户等级可能需要分析排除多个故障。最后，需要在 FaultRef 中，根据 FaultId 查找 FaultInfo 的 FaultName 值，再根据 PartName 查找 PartInfo 的 PartDesc 值。下面列出以上描述的两条 SQL 语句（MySql 语法），帮助读者加深理解。

第一条：根据登录的用户名获得等级编号：

select LevelId from UserInfo, UserLevel where UserInfo. UserId = UserLevel. UserId and UserInfo. Name = ?

上述 SQL 语句中，select 后面一列 LevelId，表示查询等级编号；from 后接 UserInfo 和 UserLevel，表示从这两张表中进行查询；UserInfo. UserId = UserLevel. UserId 表示两张表中的 UserId 相等；最后一个 ? 为占位符，运行时，以登录的用户名替代即可。

第二条：根据等级编号获取故障名称、故障描述、零件名称：

select FaultName, FaultDesc, PartName, from FaultInfo, FaultRef, PartInfo where FaultRef. FaultId = FaultInfo. FaultId and FaultRef. PartName = PartInfo. PartName and FaultRef. LevelId = ?

9.8.3.2　Java 封装故障信息 JSON

根据上述 SQL 语句，利用 FaultDAO 调用，产生泛型集合，经过 FaultBiz 处理后，形成关于故障信息的 JSON 对象。

FaultBiz 生成 JSON 串有两种方法，一种是直接利用 StringBuffer 字符串拼凑，另外一种使用 json – lib – jdk15 – 2.4. jar 工具，采用 jar 包的方式主要依赖于 JSONObject 和 JSONArray 两个类，前者生成 JSON 对象，以花括号"｛"开头，以"｝"结尾，后者生成 JSON 数组，以方括号"［"开头，以"］"结尾，参考代码如图 9-16 所示。

```java
public class FaultBiz {
    public static void main(String[] args) {
        JSONObject jsonObject = new JSONObject();
        jsonObject.put("PartName", "拨叉");
        jsonObject.put("FaultDesc", "断裂");
        System.out.println("JSONObject生成的JSON对象为: " + jsonObject);
        JSONArray jsonArray = new JSONArray();
        jsonArray.add(jsonObject);
        jsonObject = new JSONObject();
        jsonObject.put("PartName", "啮合套");
        jsonObject.put("FaultDesc", "损坏");
        jsonArray.add(jsonObject);
        System.out.println("JSONArray生成的JSON数组为: " + jsonArray);
    }
```

```
Console ⬚                                                     ⯈ ✖ ⚙ | ⬚ ⬚ ⬚ | ⬚ ⬚ ⬚ ▼ ⬚ ▼ □
<terminated> FaultBiz [Java Application] E:\Program Files (x86)\MyEclipse10\Common\binary\com.sun.java.jdk.win32.x86_64_1.6.0.013\bin\javaw.exe (2020
JSONObject生成的JSON对象为: {"PartName":"拨叉","FaultDesc":"断裂"}
JSONArray生成的JSON数组为: [{"PartName":"拨叉","FaultDesc":"断裂"},{"PartName":"啮合套","FaultDesc":"损坏"}]
```

图 9-16　Java 生成 JSON 串示例代码

根据上述代码，将故障信息封装成如下形式的 JSON 串：

```
{
"levelId":"技师",
"faultDetails" :
[
    {"faultName":"所有挡位挂不上",
    "faultObjects" :
[
        {"partName":"拨叉","faultReason":"折断"｝,
        {"partName":"啮合套","faultReason":"损坏"｝
]｝,
    {"faultName":"变速器漏油",
    "faultObjects" :
    [
        {"partName":"箱体","faultReason":"损坏"｝
    ]｝
]｝
```

上述 JSON 串从整体看，是一个对象（不是数组），它包括两组键值对，分别为"levelId" "faultDetails"两个键 Key，其中后者的值 Value 是一个数组（不是对象），数组中包括各包含两个 Key，分别为"faultName"和"faultObjects"，其中"faultObjects"又是一个数组，并且包括"partName" "faultReason"两个 Key。

9.8.3.3　C#解析故障信息 JSON

Unity 3D 的 C#脚本解析 JSON 通常有两种方法，一种是自带一个 JSON 工具 JsonUtility，另一种为 LitJson 工具，后者是一个 JSON 的开源项目，比较稳定，且小巧轻便，安装简单，在 Unity 里只需要把 LitJson. dll 放到 Plugins 文件夹下，并在代码的最开头添加"Using LitJson"即可。本书以 Unity 3D 自带的 JsonUtility 工具为例进行讲解。使用 JsonUtility 解析 JSON 的主要步骤如下：

（1）创建与 JSON 结构对应的类，类需要被序列化，类中字段名称、大小写要与 JSON 完全一致，且必须为 public，同时，JSON 对象对应于类，JSON 数组对应泛型集合，参考代码如下：

```
[Serializable] // 将 FaultInfo 类序列化
public class FaultInfo
{
    public string levelId;
    // 将 FaultDetail 放入泛型集合
    public List<FaultDetail> faultDetails;
}
[Serializable] // 将 FaultDetail 类序列化
public class FaultDetail
{
    public string faultName;
    // 将 FaultObject 放入泛型集合
    public List<FaultObject> faultObjects;
}
[Serializable] // 将 FaultObject 类序列化
public class FaultObject
{
    public string partName;
    public string faultReason;
}
```

上述代码结构与上一节 JSON 串完全一致，每个字段为公有，字段名称（含大小写）完全一样，faultDetails、faultObjects 均为数组（对应为 List 泛型），数组内部的 Key 名称也完全一致。

（2）利用 JsonUtility. FromJson 方法给 C#实例赋值。

```
// json 为 string 型，其值为上一节 JSON 串内容，注意复制时，需要将所有的双引号转义
FaultInfofaultInfo = JsonUtility. FromJson<FaultInfo> (json);
```

（3）使用解析后的实例数据。

```
print (faultInfo. faultDetails [0]. faultObjects [0]. partName);
```

上述代码取得第一个故障（"所有挡位挂不上"）的第一个对象（"faultObjects"）的零件名称 partName，因此，会在 Unity 3D 的"Console"面板打印"拨叉"；

（4）HoloLens 语音判断故障零件。HoloLens 语音判断故障零件主要包括两个方法，分别为 Begin（）和 YesAction（），其中 Begin（）响应"开始练习"按钮事件，它根据下拉框选取的故障现象，从经过 JSON 解析得到的 faultInfo 对象中查找故障零件，并将这些零件名称放入 faultPartsList 泛型集合中，代码如下：

```
// 响应点击"开始练习"事件
void Begin（）{
    // 重新实例化，是因为用户可能训练完一个故障后，选取下拉框另一故障继续训练
    faultPartsList = new List<string>（）;
    // 获取在下拉框中选取的值（故障现象）
    string faultName = dropdw. captionText. text;
    // 从 faultInfo 中查找 faultName 对应的可能故障零件
    List<FaultDetail> faultDetails = faultInfo. faultDetails;
    for（int i = 0; i < faultDetails. Count; i++）{
        // 遍历查询下拉框选取的故障名称与 faultInfo 匹配的名称
        if（faultName == faultDetails［i］. faultName）{
            // 匹配故障名称后，查询详细故障对象
            List<FaultObject> faultObjects = faultDetails［i］. faultObjects;
            for（int j = 0; j < faultObjects. Count; j++）{
                //将零件名称放入 faultPartsList 中，供 YesAction（）方法使用
                faultPartsList. Add（faultObjects［j］. partName）;
}}}}
```

YesAction（）方法用于捕捉用户说出 Yes 单词时的响应方法，它根据凝视到的零件名称，在 faultPartsList 泛型集合中查找，如果查到该零件，表示用户选择正确，否则选择错误，代码如下：

```
// 说出 Yes 语音的响应方法
void YesAction（）{
    // 获取凝视碰撞的物体
    gameObject = hitInfo. collider. gameObject;
    if（faultPartsList. Contains（gameObject. name））
        txtPrompt. text = "选择正确，零件"+gameObject. name+"可能存在故障。";
    else
        txtPrompt. text = "选择错误，零件"+gameObject. name+"无故障。";
}
```

参 考 文 献

［1］ https：//www. baidu. com.

［2］ https：//www. csdn. net.

［3］ https：//www. cnki. net.

［4］ http：//www. souvr. com.

［5］ 李在贤. Unity 5 权威讲解［M］. 孔雪玲译. 北京：人民邮电出版社，2016.

［6］ 凌海风，苏正练，孙志丹，等. 装备管理信息系统开发及应用（第 2 版）［M］. 北京：国防工业出版社，2019.

［7］［美］GeoffroyWarin. 精通 Spring MVC 4［M］. 张卫滨，孙丽文，译. 北京：人民邮电出版社，2017.

［8］ 张天夫. 计算机视觉增强现实应用平台开发［M］. 北京：机械工业出版社，2017.

［9］ 深圳中科呼图信息技术有限公司. 计算机视觉增强现实应用程序开发［M］. 北京：机械工业出版社，2017.

［10］ 蒋斌，付旭耀. 计算机视觉增强现实美术内容设计［M］. 北京：机械工业出版社，2017.

［11］ Unity Technologies. Unity 4. x 从入门到精通［M］. 北京：中国铁道出版社，2013.

［12］ Unity Technologies. Unity 官方案例精讲［M］. 北京：中国铁道出版社，2015.

［13］ Unity Technologies. Unity 2017 从入门到精通［M］. 北京：人民邮电出版社，2020.

［14］ 李晔. Unity AR 增强现实完全自学教程［M］. 北京：电子工业出版社，2017.

［15］ 闫兴亚，张克发. HoloLens 与混合现实开发［M］. 北京：机械工业出版社，2019.

［16］ 鲁冬林，史长根，王海涛. 装备地盘构造［M］. 北京：国防工业出版社，2016.

［17］ 刘明，张馨丹. 移动 5G 通信技术背景下传输技术发展趋势［J］. 中国新通信，2018（15）.

［18］ 李武军，王崇骏，张炜，等. 人脸识别研究综述［J］. 模式识别与人工智能，2006，19（1）：58-66.

［19］ 薛耀红，赵建平，蒋振刚，等. 点云数据配准及曲面细分技术［M］国防工业出版社，2011.

［20］ 晏磊，赵红颖，罗妙宣. 数字成像基础及系统技术［M］. 北京：电子工业出版社，2007.

［21］ 黄席樾，向长城，殷礼胜. 现代智能算法理论及应用［M］. 北京：科学出版社，2009.

［22］ 喻宗泉. 蓝牙技术基础［M］. 北京：国防工业出版社，2020.

［23］ 杜庆伟. 无线通信中的移动计算［M］. 北京：北京航空航天大学出版社，2016.

［24］ 陈刚. 全球导航定位技术及其应用［M］. 武汉：中国地质大学出版社，2016.

［25］ 特伦斯·谢诺夫斯基. 深度学习：智能时代的核心驱动力量［M］. 北京：中信出版社，2019.

［26］ 王鼎. 无线电测向与定位理论及方法［M］. 北京：国防工业出版社，2016.

［27］ 安福双. 正在发生的 AR 增强现实革命完全案例深度分析趋势预测［M］. 北京：人民邮电出版社，2018.

［28］ 胡学海，邓罡，张志国，等. 传感器与数据采集原理［M］. 北京：中国水利水电出版社，2016.

［29］［美］史蒂夫·奥克史他卡尔尼斯（Steve Aukstakalnis）. 增强现实：技术、应用和人体因素［M］. 杜威，译. 北京：机械工业出版社，2017.

［30］ 马明建. 数据采集与处理技术上册（第 3 版）.［M］. 西安：西安交通大学出版社，2012.